U0828794

社科普及读本

昆山家风故事

王中民◇主编

中国·苏州
古吴轩出版社

图书在版编目（CIP）数据

昆山家风故事 / 王中民主编. — 苏州 : 古吴轩出版社，2019. 5
ISBN 978-7-5546-1363-4

Ⅰ. ①昆… Ⅱ. ①王… Ⅲ. ①家庭道德—昆山—通俗读物 Ⅳ. ①B823.1-49

中国版本图书馆CIP数据核字（2019）第084294号

编　　委：万　芊　魏　江
　　　　　李金海　周建华　徐　穹
插　　画：钱　笠

责任编辑：俞　都
见习编辑：王　芳
装帧设计：杨　洁
责任校对：周　娇　吕丽静
责任照排：杨　洁

书　　名：昆山家风故事
主　　编：王中民
出版发行：古吴轩出版社
　　　　　地址：苏州市十梓街458号　　邮编：215006
　　　　　Http://www.guwuxuancbs.com　　E-mail:gwxcbs@126.com
　　　　　电话：0512-65233679　　传真：0512-65220750
出 版 人：钱经纬
印　　刷：张家港市恒丰包装有限公司
开　　本：787 × 1092　1 / 16
印　　张：12.5
版　　次：2019年5月第1版　第1次印刷
书　　号：ISBN 978-7-5546-1363-4
定　　价：36.00元

如有印装质量问题，请与印刷厂联系。0512-56777901

前　言

家庭是社会的基本细胞，是人生的第一所学校。良好的家风，不仅是支撑一个家庭延续发展的精神内核，也是推动整个社会健康发展的重要力量。2016年，习近平总书记在会见第一届全国文明家庭代表时强调："家风是社会风气的重要组成部分。家庭不只是人们身体的住处，更是人们心灵的归宿。家风好，就能家道兴盛、和顺美满；家风差，难免殃及子孙、贻害社会，正所谓'积善之家，必有余庆；积不善之家，必有余殃'。"

家庭作为人生的第一个课堂，父母作为孩子的第一任老师，家庭的整体氛围、父母的一言一行都直接影响到孩子的性格养成和修养举止。朱柏庐在《治家格言》中说，"教子要有义方"。对我们每个人来说，家风绝对不是一件生活小事，而是会影响我们人生道路的选择。家风正，人生的路就不会走歪，家庭就会幸福美满，社会就会多一份正能量。因此，培育良好的家风是新时代文明实践的题中应有之义，也是践行社会主义核心价值观的具体行动。正如习近平总书记所指出的："广大家庭都要重言传、重身教，教知识、育品德，身体力行、耳濡目染，帮助孩子扣好人生的第一粒扣子，迈好人生的第一个台阶。"

昆山作为人文荟萃之地，从古至今涌现出了一大批先贤名人、道德模范，他们的人生成长过程，无不体现出良好家风家教的影响。家庭的文化传承、父母的言传身教、个人的勤于修身，为他们立身社会、实现人生目标打下了坚实的基础。他们把"修身、齐家、治国、平天下"作为毕生追求，把"达则兼济天下，穷则独善其身"作为立身处世的标准，在实现自身价值提升的同时，也把良好的家风家教代代相传，让家族一代代繁衍发展，成为后世学习的楷模。为了更好地弘扬社会主义核心价值观、讲好新时代昆山故事，昆山市哲学社会科学界联合会继《昆山先贤故事》《昆山乡村故事》《昆山地名故事》之后，组织编写了"昆山故事系列丛书"第四辑《昆山家风故事》，力图通过对昆山古往今来优良家风传承故事的挖掘，在全社会营造注重家庭、注重家教、注重家风的良好氛围，为昆山新时代文明实践提供助力。

本书拟编写两册，第一册以昆山历代先贤的家风故事为主，其中也收录了钱七虎、费俊龙、周火生等昆山当代名人的故事；第二册将以昆山道德模范的家风故事为主，更加侧重讲好百姓故事，用身边人的故事感染读者，从而影响到千千万万个家庭，希望每一位读者都能从中受益，成为优良家风传承的实践者。

目　录

敬业篇

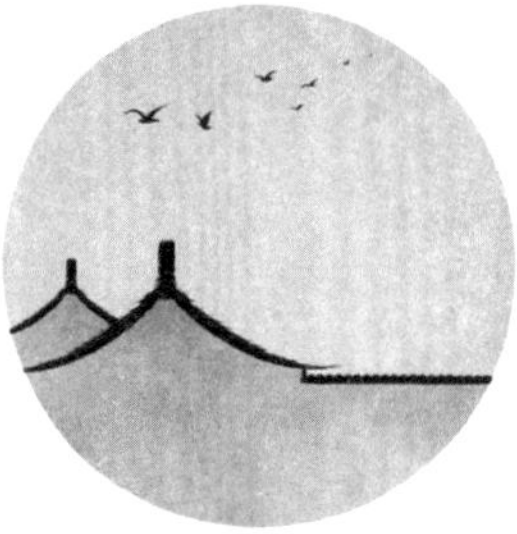

诚信篇

友善篇

勤学篇

修身篇

节义篇

睦亲篇

昆山家风故事|敬业篇|

卫　泾：先忧后乐浩然气

韩　墨

江南水乡人杰地灵。水乡千灯石浦，南宋时出了一位状元，叫卫泾，为昆山第一位状元。

昆山的卫氏家族，北宋末年从华亭（今上海松江）迁来。

卫家家风诚实朴素。卫泾父亲生了五个儿子，兄弟五人勤学苦读，除卫泾中南宋淳熙十一年（1184）甲辰科状元外，另外兄弟四人，均睿智聪慧，闻名乡里，先后考中进士。宋宁宗曾经御笔赐予卫家“友顺堂”匾额。一门四进士，卫泾状元及第，真是好家风、好学风，一时传为美谈。他们读书的友顺堂和文节书院，成为读书人朝圣之地，大家科举前都会去那里感受文气。“一方水土出一方人”，水乡古镇确实适宜安静读书。

卫家家学深厚，耕读传家。卫泾年少时胸怀大志，常以大雁、天鹅自喻。卫泾曾经拜师李永嘉，秉持“一日为师，终身为父”的古训。老师去世时，他穿孝服为老师持丧，持弟子礼。想到平日老师的严厉和温和，想到老师的学问和做人，卫泾悲从中来，号啕大哭，泪湿青衫。当地父老乡亲都称赞他尊师重道，有情有义，读书知礼，并感慨地说：“有弟子如此，也不枉师生一场。”

卫泾读书刻苦，河畔、村头，到处留下了他勤学苦读的身影。他用芭蕉叶写字，在衣袖上比画，时间长了，衣袖都被划破了。卫泾的读书声，竟然成了当地人判断时间的标准。卫泾人品出众，琴棋书画样样精通，实在是人中龙凤。一提到卫泾，乡人啧啧称赞，都说生子当如卫泾。

卫泾进入官场后，权臣韩侂胄以外戚身份执政专权、妒贤嫉能、排斥异己，卫泾不阿附、不畏惧，被视为眼中钉、肉中刺，后果然遭人陷害，被罢官。卫泾回到家乡千灯石浦，隐居乡间，前后长达十年之久。隐居家乡时，卫泾在石浦镇西辟建“西园”，作为书斋，闭门读书；还筑有“栎斋”，种竹植梅。卫泾将宅第中一室命名为“后乐堂”，取范仲淹“先天下之忧而忧，后天下之乐而乐”之意，并自号“后乐居士”。读书以养趣，养竹子的风骨和梅花的傲然之气，退思追慕古人的心态和闲适，听吴侬软语，卫泾好像又回到了无忧无虑的童年。这段隐居生活，让卫泾重新积聚力量，重新认识自己。

卫泾复出后先后出任隆兴府知府、扬州知州。每到一处，卫泾都能造福一方，受到当地百姓的爱戴和拥护，后官至资政殿学士、金紫光禄大夫。卫泾历经宋孝宗、光宗、宁宗、理宗四朝，为官四十余年，对朝廷忠心耿耿，在其位，谋其政，兢兢业业，殚精竭虑，在朝廷里形成一股清流。在繁忙的朝政之余，卫泾还勤奋著书立说，著有《后乐集》多卷。卫泾常以国事为重，不重儿女情长；做官多年，不忘初心；为人处世深谋远虑，不邀功，不求财，行为世范；为人性格坚忍不拔，百折不回，犹如金石，为当时人争相

学习模仿的榜样。最终，卫泾官至副宰相，达到了卫家家族荣誉顶峰。

南宋宝庆二年（1226），卫泾因病逝世，享年六十七岁。卫泾死后被追封秦国公，谥号“文节”。卫泾一生，秉性正直，为人质朴，兢业爱国，受到朝廷内外的一致称赞和怀念。昆山老百姓都说卫泾是文曲星下凡，妙笔生花，后人在玉峰山建文笔峰纪念卫泾。后世的顾鼎臣、顾炎武等名人也为文笔峰题诗作文，追思卫泾的风骨和情怀。

徐元文：清规戒律主学政

钱 笠

昆山人徐元文，清朝顺治十六年（1659）状元，顺治帝称其为“佳状元”。康熙八年（1669），徐元文任陕西乡试主考官。主持乡试期间，他非常注重选拔人才，被录取的士子很多都是低微的知识分子或贫寒之士。他的这一做法在陕西影响很大，陕西有人甚至这样说：“士子能够刻苦勤奋读书，就是从徐元文主持的这次乡试开始的。”

因为工作勤奋，口碑良好，徐元文由秘书院侍读升任为国子监祭酒，充任经筵讲官。他到任后发现，太学工作制度松弛，学习安排不合理。他开始梳理太学工作内容、学习要点；请求规范太学的入学制度，让各省两年或三五年推举一批优等生，选送品学兼优的青少年入太学；并按照顺治时的办法，各置省乡试，取副榜生若干名，送入太学。这样，各地才智出众的学士都集聚于太学，对培养经世致用的人才大有好处。他的建议被朝廷采纳，并颁布实施。

当时为了平定“三藩”，解决既多又急的军饷问题，朝廷迫不得已采取捐纳制度，就是士绅通过上交一定额度的粮米或钱财，来换取相应的官位。为了确保人才质量，徐元文上书请求国家安定后立即停止捐纳。他指出捐纳造成四大弊端：一是培养人才在德在才而不在数量，捐纳造成了官员平庸冗杂。二是由官府主持的考试是深造的正途，用九年时间，学习三门科目，学习期满考取太学。捐纳者不计年限，随捐随考。这对依靠正途考取的学士大不公平。这样势必会“沮寒士攻苦之心，长富儿骄情之气”。三是考试入学的观念、方式已经混乱不堪，还没有建立起淘汰制度，使得考课难以进行，学士之风日益淡薄。四是历年来吏部考核官员授予职衔，需要派任州县助理方面的职员多达数千人，考取途径积弊很多，

补缺授职的日子遥遥无期。可是一经授职，就会着官服、坐车乘轿，一副官太爷模样，招摇乡里。这样选官制度混乱，朝政实在让人忧虑。康熙皇帝接到这个表章后令吏部商议，最后决定，捐纳之事“自河工外，得一切停止”。

徐元文就任国子监祭酒前后约四年，任职期间各种规章制度得以认真遵守执行，学风得以端正，他还同其他学者一起致力于教授众监生。徐元文举止文雅端庄，学识广博，他的讲解流畅明了，声音洪亮，学生们都很敬佩他。他离开国子监以后，康熙皇帝曾对群臣说：“徐元文为祭酒，条规严肃，满族子弟不认真学习的，也一定要加以斥责，甚至鞭挞，至今监生们还畏服他，以后难得这样的人了。”

徐元文的敬业精神和对学习的严谨态度，与他的家庭有很大关系。徐家作为昆山的望族，家风严谨，子弟均以学见长，徐氏兄弟“一门三鼎甲”，成为昆山历史上的佳话。徐元文的成长也深受其舅影响。徐元文的舅舅是明末清初著名思想家顾炎武。顾炎武曾勉励徐元文，“有体国经野之心，而后可以登山临水；有济世安民之略，而后可以考古论今”。徐元文也确实是如此身体力行的。

徐世寿：父子同心济苍生

李　建

民国二十一年（1932）春天，昆山千灯地区天花肆虐，医生大都不敢接近病患，生怕被传染，唯独徐儒钧医生独当一面，昼夜奔波，令很多病人化险为夷，得以治愈。徐儒钧之所以会舍己为人、救济苍生，离不开他父亲徐世寿的谆谆教诲，也与徐家世代相传的医者仁心家风密不可分。

徐世寿家族世代从医，他在继承祖业后，更认真读书，博览诸子百家，刻苦学习妇科知识，颇有建树，对产后三大症基本能做到药到病除，得到了当时的千灯（全吴乡）乃至昆山百姓的普遍称颂。

要说这徐世寿年轻时为啥非要钻研妇科，还要从他年少时的一段辛酸往事说起。

徐世寿自幼聪颖过人，父亲早早将他送进乡里最好的私塾认字、读书，期望他能好好读书，长大后学有所成，进京赶考高中状元后能回乡光宗耀祖。清朝末年，百姓的思想已逐渐开明，千灯虽是乡野，但当地有钱人家也会把女儿送进私塾读书，不再遵循“女子无才便是德”的古训了。

因此，徐世寿在私塾里有了女同学，她是比他大两岁的隔壁邻居王小妹。当年徐世寿还小，搞不懂为啥王小妹比他大，他还要喊她小妹。两人每天一起上学，一起读书写字，一起慢慢长大。

在一起的时间长了，徐世寿与王小妹日久生情，彼此都时刻挂念着对方，一日不见便如隔三秋。徐世寿十五岁那年，王小妹的父母将王小妹许配给陈墓的一个大户人家。古代婚姻讲究“父母之命，媒妁之言”，徐世寿虽然心里很喜欢王小妹，却不敢越雷池一步，更没有向家人说起他爱慕王小妹的事。

王小妹出嫁那天，锣鼓喧天。千灯乡下有哭嫁的习俗，王小妹坐在轿子里哭，徐世寿躲在家里哭。一向爱凑热闹讨喜钱的徐世寿那天却一反常态，躲在家里，整天没出门。徐家人也是那时才发现了异样，不懂事的孩子长大了，有了自己的心事。

父母开导徐世寿说，你与王小妹是姐弟之情，姐姐出嫁了，你应该感到高兴才是。可是，徐世寿却怎么也高兴不起来。

一年之后，就在徐世寿时刻盼望着王小妹能够多回几趟娘家，二人有机会见面叙旧时，一个噩耗传来，王小妹因产后大出血不幸身亡。徐世寿听到这个消息后，把自己锁在屋内，三天三夜不吃不喝，哭红了眼睛，哭哑了喉咙。

三天之后，徐世寿打开房门，对守候在门外的父母说，他要学医，虽然王小妹不在了，但他还要去拯救许许多多像王小妹一样不幸的人。

学习医术很枯燥，学习妇科尤其枯燥。同时，治病救人不仅要学习医学理论，还要有长期的经验积累。徐世寿的父亲当年之所以把徐世寿送进私塾读书，而不是叫他跟着自己学医，就是怕他厌烦医术，厌烦各种各样的病人，如今他自己主动要求学医，真是再好不过了。父亲便将毕生所学，全都传授给了徐世寿，徐世寿成为当地的名医。

徐世寿不仅医术高明，医德也堪称典范。平时遇到交通不便的病人，他就主动上门诊断、开药方，病家无不感激；有的病人家庭贫困，付不起诊疗费，他不仅不计报酬，还自己掏钱为病人买药。他牢记家训“医术求精医风正，半积阴功半养生”的教导，时刻用“人病犹我病，我将何？贫病交迫者，我欲何？”一语来告诫自己，全心全意为老百姓服务。徐世寿将个人的小爱，转变成了对病人的至善大爱，在当地传为佳话。

在徐世寿的感召下，儿子徐儒钧也谨记家训，传承了良好的家风。父子二人的医术和医德，被千灯人民广为传扬。

方　还：临危智退恶军阀

蓝　鸿

春日黄昏，阴雨绵绵，空气中透着逼人的寒气。昆山察院前一座民宅内，一位老者正在书房内泼墨挥毫，在乱世中享受难得的安宁。

突然，院门外急匆匆走进来三个人，神色焦虑地直奔书房而来。

“先生，出大事了！”为首的男子焦急地说道。

老者连忙放下手中的毛笔，急切地问道：“怎么回事？”

这是1927年，是中国革命由旧民主主义革命向新民主主义革命转变的关键一年。这年三月，北伐军即将南下进入吴淞江地界。当时，盘踞在昆山的军阀是张宗昌部贺文良旅。

为首的男子是昆山商会会长，另外两位是南区救火会的成员。他们告诉老者，贺文良部队听闻北伐军即将南下进驻昆山，便以血洗昆山城为名要挟商会，勒索五万元巨款。自1924年以来，江浙两地军阀开战，昆山地处两军前沿阵地，百姓深受战争之苦。昆山地方政府及民间商会团体在兵荒马乱中竭力维护一方安宁，创办医院，筹建红十字会，各个方面都需要资金，眼下又怎么可能拿得出这笔巨款呢？

临危之际，大家一筹莫展，此三人被选作代表前来向老先生求助。老先生正是昆山城赫赫有名的方还先生。方还父母早逝，自小被嘉定钱门塘张家收养。张家是耕读世家，方还深受张家家风影响，年轻时博览群书，且极富爱国情怀。光绪年间，方还在张家人的支持下，创办了樾阁学堂、亭林学会，组织成立了昆山教育会和商会。在亲人的鼓励下，方还积极投身到爱国事业中，领导了昆山辛亥光复运动，首举革命义旗，执掌民政，成为中华民国昆山首任民政长。后来虽不再续任，但他仍然兼任昆山商会、救火会名誉会长职务，为昆山的发展尽心出力。

方还获悉情况之后，连夜秘密召集商会、救火会骨干成员商议对策。

第二天晚上，在昆山商会的一间办公室里，方还作为商会代表与军阀代表进行谈判。方还朝军阀代表拱手承诺道："请军爷放心，方某担保，三日后一定筹满五万元。"军阀代表一听此言，得意地说道："早点达成共识嘛，对大家都有好处。"

突然，远处隐约传来一阵阵枪炮声，正在悠闲喝茶的军阀代表听了，脸色一变，连忙派士兵出去打探消息。方还面露担忧之色，说："听说北伐军要进驻昆山，不会是真的要来了吧？"

军阀代表一听这话，神色极不自然，心想，据前几天获得的消息，南下北伐军人数众多，如果真要硬碰硬地干起仗来，就眼下自己的这些兵力，打赢的可能性非常小……

军阀代表正坐在那里暗自盘算，打探消息的士兵惊慌失措地跑进来，大喊："长官，不好了，北伐军真的打进来了。"士兵报告说，枪炮声是从昆山火车站传来的，北伐军已经兵临昆山城下。

“哎呀，想不到北伐军真的攻进来了。”方还在一旁惊讶地说道。再看那军阀代表，神色惊骇，带着手下惊慌而逃。当夜，驻守昆山的军阀部队连夜弃城，往常熟和太仓方向逃去。

第三天一早，昆山城里的茶馆比以往要更热闹一些，老百姓都在议论着某些传闻。有人说，昨天夜里，商会组织了一些人在昆山火车站大放鞭炮，火车汽笛也被人拉了好久。有人说，那是方还先生出的主意，鞭炮声和汽笛声在黑夜里很像枪炮声，这样就造成北伐军兵临昆山城的假象，驻守昆山城的军阀听了惊慌不已，害怕双方兵力悬殊，自己打不过，最终不战而逃，弃城离去。方还足智多谋，临危不乱，智退军阀，使昆山免受一场灾难性的浩劫。

晚年的方还来往于南京、昆山、上海之间，多次为国家和地方事务尽心出力。他经常教育子孙，没有大家哪来小家？他的这番爱国情怀，也作为一种家风在子孙后代身上延续，在方还的影响下，方家子孙也纷纷加入革命事业中。

胡石予：循循善诱育子弟

蓝　鸿

一个周六下午，苏州公立第一中学堂（俗称草桥中学，今苏州第一中学）的一间教室里，一位鼻梁上架着眼镜、蓄着山羊胡须的儒雅先生正在给学生们教授唐代诗人张继的著名七绝《枫桥夜泊》。

“月落乌啼霜满天，江枫渔火对愁眠。姑苏城外寒山寺，夜半钟声到客船。”讲台上，先生轻捻胡须，抑扬顿挫地吟诵着。讲台下，学生们神情专注地听着先生讲解诗文，对于他们来说，听先生的国文课简直是一种享受，那种徜徉在诗山文海里的趣味，实在是妙不可言。

这位儒雅先生就是被人们推崇为“江南三大

儒”之一的胡石予先生。胡石予，江苏昆山人，近代著名的教育家、诗人和书画家。其父胡钟祥在五十余岁时才生下他，对他宠爱有加却从不溺爱，从小训以刻苦自立、真实做人的道理。石予先生深受家风影响，笔耕勤奋，学识渊博。光绪年间，年仅十七岁的胡石予就在家中设馆授徒，开始了教书生涯。后来，清廷废科举，兴学堂，石予先生应聘任教于新创办的草桥中学，主要教授国文和修身课。

石予先生授课循循善诱，课堂语言风趣幽默，能吸引学生聚精会神地听讲，是师生公认的全校最好的教师。他教授诗文喜欢联系实际，在详细讲解了《枫桥夜泊》的内容和意境后，他在课堂上当场询问学生：“你们对这首诗，还有什么地方不理解？”

石予先生这一问，课堂上顿时热闹了起来，学生们像一群小麻雀叽叽喳喳地议论开了。石予先生一听，大多数学生都对“夜半钟声”不太理解，他们都没有在半夜听钟声的体验，言语之间不无遗憾。

石予先生当即在课堂上豪情满怀地说：“这样吧，我来想办法雇船，今晚就带你们去寒山寺听钟声。”此言一出，课堂上沸腾了。学生们十分赞同，可是有的老师却认为不妥。

石予先生虽已年过半百，却不因循守旧。他想起小时候父亲教他李白的《静夜思》，为了让他真正理解“床前明月光，疑是地上霜”的意境，父亲陪着他连续几个晚上仔细观察月光下的地面。父亲这种认真钻研的精神让石予深受影响，也让他在后来的学习、做事上一直追求“认真”二字。最后，石予先生力排众议，坚持要带学生去寒山寺听夜半钟声。

晚霞灿烂，在湖面洒下一片霞光。石予先生带着十多名学生，分坐两条小船，从娄门出发，沿着水波摇往枫桥。在吱吱呀呀的摇橹声中，石予先生迎风站立船头，思绪飞扬；学生们轻声吟诵着，“月落乌啼霜满天，江枫渔火对愁眠……”明月升空，凉风袭来，诗人笔下那番有景有情、有声有色的意境，在学生们的脑海里渐渐明晰起来。

石予先生带着学生们一路吟诗赏景，船靠岸时已是夜半时分。寒山寺近在眼前，却没有听到钟声，大家在月光下走到寒山寺前，不料寺门早已关闭。学生们用力拍打寺门，寺内的僧人以为是盗匪光临，吓得不敢开门。石予先生一看这情形，知道不好为难僧人，便建议大家在寺门前原地休息。考虑到第二天是星期天，不用上课，石予先生告诉学生们，等天一亮就带大家去天平山游玩。学生们一听这个建议，兴奋得唱起歌来。

夜深人静，学生们席地而坐，朦朦胧胧间，似乎隐约听到有钟声传来……

那次归来后，当日去过寒山寺的学生们，在其他师生面前十分自豪地声称自己切切实实地听到了寒山寺的夜半钟声。

石予先生带领学生夜半寻钟声的事，成了教育界一段佳话。石予先生一生中培养出了叶圣陶、顾颉刚、王伯祥等诸多大师级杰出人才，弟子遍布天下，在教育史上堪称是一个奇迹。

顾达今：舍生忘死护家乡

邵卫花

顾达今，昆山金家庄人。小时候，父亲就教育顾达今要爱家、爱村、爱国，同时，父亲也给顾达今做出了榜样。顾父作为一名乡绅，热衷于筑石坝岸、修滩涂，为金家庄的建设出钱出力。受父亲言行的影响，顾达今始终热爱着自己生活的地方，关心着国家的命运。

年轻时，正值国难当头，顾达今认识到实业救国的重要性。他利用自己的人脉，辗转于上海、苏州等地，办厂兴业。他把乡间种植的棉花收集起来，运到上海棉纱厂，生意一度非常红火。

后来，顾达今出任金家庄乡（时为井亭乡）乡长。他出资办学，号召村里的孩子认字、学知识。清光绪二十八年（1902），顾达今集资筹款，资助顾天文创办当地第一所蒙养公学，聘请新派学者郁联升任第一任校长，结束了当地的义塾、私塾教育。在顾达今的组织下，清莲寺被改建为学校，增加了教室，让适龄孩子读书、识字。他还出资修建福元桥、改建文昌阁，在村里树立了很高的威望，被人尊称为“四相”。

金家庄三面环水，经常受到湖匪的侵扰。当时，以徐天荣为首的太湖湖匪经常进村抢劫财物，杀人越货，无恶不作。为了保护村庄的安全，顾达今把金家庄的年轻人组织起来，建立了金家庄自卫团，并出资购买了枪支，加强了自卫团的武装力量。

民国二十年（1931）七月的一天清晨，南港潭里来了一艘渔船，船上走下两个渔民打扮的人，他们走进王家角最大的茶馆，在那里与村民喝茶聊天。他们能说会道，一会儿工夫就与村民们热络起来，聊天中把自卫团设立的据点、换班时间及人数安排等信息摸得一清二楚，而淳朴善良的村民毫无戒心。

八月二日夜，当自卫团处于交接班间隙、据点空虚的时候，淀山湖上快速驶来几十只大船，湖匪徐天荣带着他的手下，突袭金家庄。

湖匪进入村庄，从村庄外围一路向内深入。自卫团发现情况，立刻组织反击。顾达今听到枪声，也持枪出门，加入与湖匪的枪战。

夜色中，湖匪三五成群，渐渐向金家庄中心深入。他们见到豪门大宅，就破门而入，实施抢劫。湖匪分散开后，自卫团只能趁势追踪，各个击破。枪战中，湖匪和自卫团双方均有人员受伤。

顾达今拿着枪，看到福元桥南桥堍有人影闪动，知是湖匪，便对准人影扣动扳机。随着一声枪响，人影倒地。又见不远处人影绰绰，顾达今向人影追去，刚追到一半，对面墙角处一人向他打了一枪。顾达今感到肩膀疼痛剧烈，知道自己肩部中枪了。他反手一枪，墙角边的人应声倒地。之后，他忍着痛，继续组织人员拦截湖匪。

随着枪声越来越激烈，村民们也纷纷加入了战斗。见此形势，湖匪不敢深入，押着数人，抢得财物，仓皇撤退。与湖匪的这一战，顾达今挺身而出保护了村庄，自己却因伤势过重，流血过多，离开了人世。金家庄人为了纪念顾达今，在学堂东南立了一石碑，碑面上题词“见义勇为”“求仁得仁”。

岁月流逝，当年的石碑虽已不知所踪，但顾达今誓死护村的故事一直在金家庄一代代村民中流传。顾达今爱村、敬业的精神不仅成为顾家的好家风，也影响着每一个金家庄人。

昆山家风故事 | 诚信篇

张　镒：艰难抉择显忠诚

杨春艳

唐肃宗时期，公元757年左右，祖籍昆山的张镒担任殿中侍御史，负责朝廷的纠察事务。

这天，身着一身朝服的张镒在书房里踱过来，又踱过去，已经很久了。婢女端上来的饭菜搁在桌上，早已凉透。卷宗在案桌上堆了一堆，奏折上却是空空如也。

这时，门忽然被推开了，张镒的母亲走了进来，她满头银丝，饱经沧桑的脸上，透着一股坚毅的神情。她看了一眼原封未动的饭菜，把脸转向张镒，关切地说道："镒儿啊，给娘说说，碰到什么烦心事了？"

张镒恭敬地走上前，扶老母坐到一张榻上，把自己的困境向母亲娓娓道来。

原来张镒正为着一个案子左右为难。华原县令卢枞因为一件公事，狠狠斥责了同乡齐令诜，使齐令诜脸面尽失。齐令诜是个宦官，仗着自己是皇帝身边的红人，便想办法报复卢枞，陷害卢枞获罪入狱。而底下办案的那些人，为了讨好上级，就胡乱给卢枞判了个杖责而死。

张镒复审了这个案子，经过仔细、深入的调查研究，他认为这纯属草菅人命，因为即使按照齐令诜强加的罪名，也只能给卢枞以降职或免职处分……

母亲问："那直接这样判不就好了吗？"

张镒说："母亲有所不知，我如果上疏为卢枞申冤，必定能保全卢枞的性命。但这样一来，我上上下下得罪了人，自己就免不了要被贬官了。儿子不怕被贬官，只是担心母亲您为我担惊受怕。可在明知误判的情况下，仍然沉默不语，我就辜负了国家，这种事情儿子也无法做出。我真是左右为难，不知如何是好！"

张镒是出了名的大孝子，平时侍奉父母既恭且勤。母亲知道，张镒并不看重个人荣辱，而是真为自己担忧。她很欣慰，儿子如此孝顺，又深明大义。

母亲拉住张镒的手说："镒儿啊，只要你道义不亏，我就安心了。去做你该做的，娘支持你！"

"是，母亲大人。"听了母亲的这番话，张镒如释重负。

母亲的理解和支持，使张镒的心胸豁然开朗，他立马到案桌上奋笔疾书起来。母亲默默退出去，吩咐婢女重新准备一份吃食……

由于张镒全力为卢枞上疏辩护，最终卢枞得以免死，只是流放。而张镒果然被贬，公元758年左右，由京官被降为地方官，任抚州司户参军，掌管地方上的户籍、赋税等。张镒因为对贬官已有一定的思想准备，所以到地方上任后，并不气馁，而是励精图治，在哪里做官就造福哪一方百姓。他为官清廉，与民休息，从不胡乱折腾老百姓。他重视教育，从各方聘请有学问的人来给当地的读书人讲经授课，使当地四十多名读书人通过了科举考试。他知人善任，从不嫉贤妒能，后来成为唐中期杰出政治家的陆贽，正是他首先赏识其才干，将其推荐到朝廷为官。凭着出色的政绩和高洁的人品，张镒一路或平调或高升，公元781年做到了宰相。

早在隋朝时期，张镒五世祖张后胤就以学问渊博、操守高洁为人所称道。张后胤曾为李世民讲授《左传》，李世民成为唐太宗后，对张后胤礼遇有加。张后胤不仅身前荣宠，身后还随皇帝陪葬昭陵，可谓荣耀至极。张镒父亲张齐丘，连同郭子仪，被礼仪使颜真卿并列建议封为“古今六十四名将”，配祭姜尚庙。张镒一生宦海沉浮，但他始终保持一颗平常心和一以贯之的为人态度，这种高深的人格修养，正是张家累世优良家风熏陶的硕果。

龚明之：一味胸中爱坦诚

宗 琮

龚明之，字希仲，号五休居士，南宋时期昆山人。龚明之出身于苏州的书香门第，龚家先后出了七位进士，家学渊源，注重修养，在整个苏州地区都很有影响力。

在良好家风的熏陶下，龚明之从小读书就很努力，学问也很好。可不知什么原因，他参加科举考试却一再落榜。无奈之下，龚明之只得一边教书，一边继续考试，日子过得很清苦。

六十岁那年，龚明之去参加乡试，有人劝他说：“你最好把年龄改小一点，这样对你录取和任职都会有帮助。”

龚明之听了之后，连连摇头说："我们家祖祖辈辈都讲诚信，这样才能赢得别人的尊重和信任。拿我的曾祖父龚宗元来说，大家都很相信他。当时任江东按察使的杨纮大人，公正廉明，执法严峻，与人并称'江东三虎'，他到哪里去巡察，都会仔细查究，从不放过一个疑点。但是杨大人路过句容县时，得知是我曾祖父龚宗元在那里任职，便命令绕道而行，说由龚宗元管辖的地方，一定政治清明，不需要去检查。从这件事上，可以看出大家对我曾祖父信任到何种程度。"

龚明之又说："我这一辈子，谨遵祖辈的教诲，从来就没有说过一句假话，也不会欺骗自己。所以怎么能做出这种更改年龄、欺骗别人的事情呢？"龚明之不听那人劝阻，坚持上报了自己真实的年龄。

这一次，龚明之又落选了。

尽管落选，可龚明之真诚不欺的故事却越传越广，后来连皇帝都知道了。皇帝知道后很感动，便特别恩准他参加殿试。这一次，龚明之名列前茅。那年，他已经是八十二岁的高龄了。八十二岁的人，又没有为官经验，照理是不能获得任命的，但大家都深深敬佩龚明之的品德，都尽力帮他说好话，使他获得了任命。那年，他被授高州文学。

几年后，龚明之应该退休了。朝廷中又有很多人联名奏请皇上，要延长龚明之的任期。后来圣旨下来，龚明之不但没有退休，还得到提拔，被赐予五品官服。

龚明之退休后在家闲居，乡亲街坊都非常尊敬他，许多名人、雅士都想尽办法和他交往。乡邻晚辈都把他当成父亲一样看待，路上遇见会再三向他行礼。龚明之走在路上，行人总会让到一侧让他先走，以示尊敬。

龚明之九十多岁的时候，身体还很健康，为人也很快乐，每天读书讲学，聊天走路，精力似乎比年轻人还好。别人问他长寿、快乐的秘诀，龚明之哈哈一笑，做了一首诗，道出了这个秘诀：

不服丹砂不茹芝，老来四体未全衰。

有人问我期颐法，一味胸中爱坦诚。

“一味胸中爱坦诚”，这是龚明之一生的真实写照。反观龚明之的一生，他并没有做过什么轰轰烈烈的大事，也没有取得什么特别了不起的成就。相反，他一生中遇到了很多坎坷，多年科考不中，家庭也迭遭变故，可他依然获得了许多人的尊敬和信任，这正是因为他“一味胸中爱坦诚”。

其实，一个人如果能够做到诚实有信，自然就会获得大家的尊重和友善；反过来，如果贪图一时安逸或者小便宜，失信于他人，就会失去友谊和信任，最终也会害了自己。所以，诚信是非常重要的。

张　丑：直言不讳辨真伪

杨春艳

明朝中后期，江南一带出了很多书画鉴藏的大家，其中有一位就是来自昆山的张丑。张丑出身于书香门第、官宦之家，从其曾叔祖张祥一代就开始为官，张丑的祖父张情和叔祖张意都是进士出身的官员，张丑的父亲张应文和两个叔叔张应武、张应忠都曾拜在归有光门下，学习经济、水利。张丑父亲虽然屡试不第，但博古通今，学养深厚，著述颇丰。而且，与他们家世代交游亲密的，都是当时有名的文人。曾叔祖与吴门画派创始人沈周交游；祖父与文徵明父子交好；父亲与王世贞称兄道弟；到了张丑，与他来往的有董其昌、文徵明后人文从简等。

由于曾叔祖、祖父、父亲、兄长、侄儿，世世代代都重视书画收藏，张丑从小就有机会欣赏很多书画上品和神品，而这潜移默化地培养了张丑异于常人的鉴赏眼光，通过自觉地勤学苦练，他的鉴赏能力更是日益精进。

明崇祯年间某一日，一位姓王的先生敲响了张丑的家门。王先生神色忐忑，一进张丑的书房，便迫不及待地从衣袖里抽出一本小册子，小心翼翼地摊在张丑的书桌上，对张丑说："素闻张先生是书画鉴藏的高手，今日慕名前来，请先生帮忙鉴定，不才这幅雅宜山人的手录《诗经》，是否真迹？"

对于此等携书画上门求鉴定的事，张丑早已见怪不怪。他话不多说，立即对着这本小册子打量起来，并轻轻翻阅。雅宜山人王宠是弘治年间人，嘉靖十二年（1533）去世，享年三十九，以一手小楷和行草名噪一时。若此为王宠真迹，实是收藏之一大至宝。

张丑只扫了几眼，就一口断定："这是伪作。"

王先生的心顿时如坠冰窖，这可是他花大价钱索购而来的，他不甘心就此认栽，说："先生要不再仔细看看？”

张丑回答：“鉴定书画真伪要看很多方面，纸、绢、装裱、印章、题跋、识尾……我先不说别的，光就纸张而言，雅宜山人是百前年的书画家，他所用的竹纸，怎么可能历经百年而毫不变色？”

张丑这一说可谓醍醐灌顶，王先生辩无可辩，只得收起伪作遗憾而去。

凑巧的是，不久，张丑到一位姓严的收藏家家里赏画，无意中看到了这本手录《诗经》的真本，与伪作看上去有天壤之别。张丑立马邀请那位王先生来一睹真容。王先生看过后，懊恼之余，更加折服于张丑敏锐的眼光。

张丑不仅敢于直言，还敢于质疑权威。当时书画收藏大家韩世能藏有一幅东晋杨羲的《黄素黄庭内景经》，董其昌鉴定其为杨羲真迹，张丑却不以为然。他翻阅前人记录，与北宋米芾《宝章待访录》和南宋周密《云烟过眼录》的记载进行对照，发现这两本书中均记有题跋、印记等，如米芾跋语、赵孟頫长歌，而这幅作品上并不存在。于是他断定董鉴定有误。他进一步指出，此作当是米芾临摹，虽非真作但同样是珍品。

张丑翻阅过几乎所有前人关于书画鉴藏方面的书籍，对各朝各代的纸、装裱方式、题跋特点等了如指掌，甚至对某个朝代中某个时期的纸都十分了解。除了理论知识扎实，他的实践经验也很丰富，他与当时江南很多书画收藏家和书画家都有密切往来，常常互邀赏画鉴画，一生赏鉴画作无数。他勤于书写，下半生几乎将全部时间和精力致力于书画鉴藏与书写，这使他不仅成为当时的一个权威，还名垂青史，对后世的书画鉴藏有深远影响。

卢　熊：铁石古心存久远

宗　琮

卢熊，字公武，元末明初昆山人。卢熊年轻时跟着名师杨维祯学习，年纪轻轻就多次受到顾阿瑛的邀请，参加了《草堂雅集》的编写。明朝初期，卢熊因为学识渊博，被人举荐当了中书舍人，主要负责朝廷文书的制作。后来，卢熊写了《说文字原章句》《孔颜氏世系谱》等著作，加上为人刚直不阿，甘守清贫，名声非常好，又被人举荐给了皇上。皇上一看，我朝竟有如此德才兼备的官员，惜才之心大起，便派卢熊去兖州做了知州。

得到这一任命，卢熊非常感恩，他在和朋友告别时写了一首诗，其中有一句是“努力各自爱，尽瘁报明主”，表达了他尽忠报国的决心。到了兖州后，卢熊照例拟好安民告示。可在用印的时候，卢熊发现，这篆书的官印不是“兖州”，而是“衮州”。卢熊不大相信官印会刻错了，便命人找来文人和史书，认真翻阅、核对。

听到卢熊的命令，有一位上了年纪的官员悄悄地走过来说：“大人，您不要纠结这个字了。这个官印上的字，是根据皇帝诏书刻制的，您改了不好，咱们睁一只眼闭一只眼就行了。”

原来是诏书的问题。诏书的问题，涉及皇帝的颜面，通常没人敢指出来。可是卢熊认真，他一定要指出这个错误。卢熊严肃地批评了那个官员，说：“错了就是错了，何况这是代表朝廷信誉的官印。堂堂一州，竟然一直用错的官印。知道了还不改，那就是错上加错。”

说完之后，卢熊立马起草一道奏折，一点也不含蓄，直接挑明兖州官印制错了，请求皇上重新制作。

皇帝朱元璋一看到卢熊的奏折，立刻大发雷霆。这朱元璋从小苦出身，没读过两年书，小时候受尽白眼和嘲讽，历尽艰辛好不容易当上了皇帝，十分好面子，生怕别人说他没文化。这下官印都制错了，那可真是结结实实地被人扇了一个耳光。朱元璋看着卢熊的奏折，怒火中烧，变爱为恨，便命人抄了卢熊的家。

这不抄家不知道，抄了家吓一跳，卢熊家里真的是穷得彻底。一个知州的家里，缸里连一粒米都没有，只有一点麦子。得知这一情况，朱元璋感到非常吃惊，也非常后悔。

卢熊就是这样，清清白白做事，认认真真做人，堂堂正正为官。

卢熊为人处世的风格，其实来自家风的传承。卢熊的父亲卢观，学识渊博，为人诚恳。卢观经常教育他的后人，一个人不仅要有高深的知识，还要有高尚的品德。他的学生、门人非常尊重他，在卢观去世后，大家私下尊称他为“夷孝先生”，可见对他的尊敬非同一般。

卢家的家风，同样也影响了卢熊的弟弟卢熙。卢熊在职的时候，曾经送给卢熙一首诗互勉，其中一句是，“齑盐清梦稳，铁石古心存”。

当时，卢熊的弟弟卢熙任睢州同知，也跟哥哥一样，处世认真，甚至有点太较劲。有一次，上级官员要抓人充兵役。卢熙说：“百姓没人了，要抓的话就抓我。”上级官员大怒，让卢熙滚开，否则按违抗皇命论处。卢熙说，百姓真的没人了，并坚立不动。后来上级官员只得作罢。卢熙这种较劲为他赢得了民心。卢熙去世那天，下起大雨，数千人哭声震天，没有一个人离开。

清清白白做事，认认真真做人，胸怀铁石古心，是卢熊、卢熙一生的真实写照，也是其家风的传承。

沈万三：言而有信成大业

九　马

沈万三出身于一户普通的农民家庭，少年时跟随家人从浙江逃难到昆山周庄。年轻时，沈万三垦过荒，种过地，后来改行经商，卖过绸缎，开过米行……但不管是落难还是发达，沈万三始终不忘做人要讲诚信。

这一年，离周庄镇十里外的祁庄村遇上了灾荒，沈万三一大早就抱着雨伞匆匆出门，大概走了一个多时辰，祁庄才隐隐约约出现在眼前。沈万三三步并作两步来到村口，发现家家户户大门紧闭，敲了几家都没人应声，心想，难道自己真的来晚了？沈万三心急如焚，在村口踱过来、踱过去，不知如何是好。忽然，村后传来一阵阵锣鼓声、叫喊声，沈万三一惊，扭头就往村后奔去。

村后有一座圣堂庙，庙里供着七尊圣贤神像。沈万三奔到村后，只见圣堂庙前围着许多人，一个个手举红旗在“走夜会”。

“走夜会”是当地的一种祭祀活动。沈万三拍拍脑壳，心想：“今天是什么日子？他们这是干什么呀？”于是他拉住一位老者问：“今天是什么祭日？你们在祭拜什么神灵？”

老者摆摆手说：“我们在祭拜天地神灵，保佑我们平安无事，来年五谷丰登，无病无灾。”沈万三听说今年祁庄闹起了瘟疫，田里的水稻也是颗粒无收，村民们饿得皮包骨头，面黄肌瘦。面对眼前无知的群众，沈万三苦口婆心地劝解道：“父老乡亲们，你们听我说，瘟疫和旱涝是自然灾害，你们求神灵是没有用的，眼前的困难只有靠我们自己来解决……”

村民们知道沈万三的为人，听他这么一说好像看到了希望，围过来你一句、我一言地问个不停。沈万三赶紧安慰道：“我今天来就是想看看村里的情况，现在看来困难确实很大，但你们不要着急，我回去马上想办法，一周后一定让你们吃得饱饭。”

沈万三回到家里，找来弟弟沈万四一起商量对策。弟弟听了他的述说，为难地说：“家里虽然开着米行，但也无法供应一个村的粮食呀。”

沈万三说：“我知道，凭我们一家的力量是无法解决祁庄的困难的，所以我想让大家一起来帮助他们走出困境。”沈万三让弟弟去准备两个纸箱子，说明天他要派用场。当晚，弟弟就把两个纸箱子抱到了沈万三的房间里。

第二天清晨，沈万四被一阵吵闹声惊醒，跑出门一看，吓了一跳。门外放着两个纸箱，箱内都是哥哥家的细软物件，有衣服，有金银首饰，还有一只金灿灿的铜盆。沈万四知道，这只铜盆哥哥视作珍宝，一直供在客厅。据说这就是传说中的聚宝盆，哥哥做生意都是靠它保佑的。今天哥哥到底想做什么呀？沈万四冲上前气呼呼地嚷道：“哥，你是不是疯了？你要做好人，但也不能把家底都搭上啊！”

沈万三抱住弟弟，急得眼圈红红地说：“我没疯，我只是着急！眼下祁庄的百姓已经几天没米下锅了，再想不出办法，真的要饿死人了呀！我们家粮仓的米不够，我拿出这些是想多捐点钱给百姓买粮……”

沈万四抢过铜盆说：“你捐钱我不管，可这是我们家的聚宝盆呀。”

沈万三说：“四弟你有所不知，其实这只是个普通的铜盆，我们家生意兴隆，全靠‘诚信’二字。”沈万三的义举感动了大家，人们纷纷倾囊相助，帮助祁庄百姓度过了这次饥荒之灾。

沈万三的义举一传十、十传百，很快传遍了周庄镇，自那以后，他的米行生意更好了，几乎每天都是门庭若市，供不应求。到朱元璋推翻元朝建立明朝时，沈万三也成为江南首富，家财万贯了。

沈家的诚信之风代代相传，比较典型的是清乾隆年间，沈万三的后人沈本仁，他不忘初心，诚信经营，用自己的辛苦和血汗拓建宅园，将其建成一镇巨室，这就是后来的敬业堂。

昆山家风故事 | 友善篇

朱希周：巧妙化解姑嫂怨

张雪芳

出身书香门第的朱希周，深受家庭文化的熏陶，从小就没有大家少爷的脾气，恭谨做人，勤奋好学。长大后，他参加殿试，一举夺魁，成为昆山历史上的第四位状元。在亲戚朋友为他贺喜之际，他却镇定自若，脸色平静。有人纳闷，如此喜事，朱希周还不高兴？非也，朱希周就是这么个性格，不苟言笑。长辈们都暗暗称赞，朱希周如此淡泊名利、不骄不躁，将来一定是个好官。

朱希周不仅是个好官，更是一个好儿子、好主人。他从小就知道“家和万事兴”这个道理。在家里，他尊敬长辈，善待兄弟姐妹，对待用人也是彬彬有礼。家里大到长辈，小到用人，都喜欢这个知书达理的小希周。虽然朱希周不喜欢说笑，在有些人眼里，他似乎少了少年人的活泼，但他的善良、他的聪明让人不约而同地喜欢他。

朱家是个大家庭，自然是人多嘴杂，女眷之间有点小吵小闹也是经常发生的事。朱希周每次看到母亲跟婶婶们有点不愉快，就会去劝慰母亲，说：“祖父常说家和方能百事兴隆，母亲要心平气和的，和婶婶们和睦相处才好。”每每听到小希周这么大人似的劝慰她，母亲就会释然，且笑骂道：“你个小屁孩，懂啥呢。”骂归骂，母亲还是暗自庆幸的，有这么懂事的儿子还有什么好计较的呢。

在朱家，朱希周的母亲隐忍大度，不与别人计较，但她还是有一个“不共戴天”的冤家，那个人便是朱希周的表姑。要说那个表姑，可是方圆百里出了名的强势之人。说起来，朱希周的母亲和那表姑都还是姑娘时就结下了冤。朱希周的母亲嫁到朱家后，两人仍是你看不惯我，我看不惯你，除非家族有重要活动，不然两人绝对不会走到一处，也

从不往来。

朱希周从没跟母亲去过表姑家，表姑也从来不到他家串门。朱希周慢慢懂事后，才从用人的口中知道母亲与表姑不和的事。那时候，朱希周也才十二岁，一般小孩在这样的年纪都是一心想着玩，但朱希周却寻思着怎样才能让母亲和表姑和好。

有一日，朱希周听说表姑病了，心想，机会来了。于是，他拿了自己平日省下的零花钱，去集市上买了表姑喜欢吃的点心，往表姑家而去。朱希周虽然从没去过表姑家，但她家的用人是认得他的，看到他来，有点莫名其妙，问他是否走错人家了。朱希周一本正经地说："没错，我就是来看望我表姑的，请去通报一声，就说侄儿朱希周前来探望。"用人见小小年纪的朱希周一副少年老成的模样，不觉乐了，笑着去通报。

朱希周见了表姑，毕恭毕敬地行了礼，说："听说表姑身体不适，母亲特命我前来探望。"表姑疑惑地看着他，问："你母亲叫你来的？"朱希周说："是的。"表姑虽然有点不相信，可是，若不是母亲叫的，这么小的孩子怎么会想到来探望呢？这么一想，表姑语气温和了许多，说：“回去替我谢谢你母亲！”

自此，表姑与母亲之间慢慢有了来往。有一日，表姑谈起那次探病之事，见母亲一副莫名其妙的样子，才恍然大悟，原来那次是朱希周自己去的。但想到那么小的孩子都知道睦亲友好，她们身为长辈，更应该做好表率，也就不去深究了。表姑把这事一说，朝朱母感慨道：“你有一个好儿子呀，小小年纪就少年老成，以后必是大有作为。”

张　栋：慈善为怀惠民生

褚福海

张栋，字伯任，号可庵，明代昆山人。幼年起受曾祖父张宽严苛家教的影响，很早便形成了宽厚善良、一心爱民的鲜明个性与悲悯情怀，从政后关注民瘼、仗义执言、体恤民情，深得百姓赞誉。

张家是书香门第，但延续到张栋父辈，家境已开始衰败，这使张栋在出仕之前，就比较明晓底层社会的真实状况。万历五年（1577），张栋考取进士后，初授江西新建知县。当时，正值首辅张居正推行改革，实行“一条鞭法”，需逐乡逐村清点田赋数额，张栋不辞辛劳，亲临现场，给农民测量田亩，从而为制定新的赋税额度掌握了翔实可靠的资料。按当时新建县的原有规定，农民应缴纳的赋税高达年收成的六分之一，农民因不堪重负而怨声载道，有的甚至破产，不少贪官污吏也借机从中谋私渔利。张栋得知后，迅速废除了旧规，按田地的肥瘠程度，分别制定相应的税额，长期一以贯之，使百姓安居乐业，大家都对他心悦诚服。

新建知县任满后，张栋因政绩突出，被当朝提拔入京担任工科给事中。此职属言官，负有进谏、弹劾之权责。于是上任之初，张栋就把在江西新建任知县时的所见所闻写成奏疏，坦陈江西百姓因需承担景德镇烧制御用瓷器的任务，等同于赋税之外另加徭役，异常清苦，请求朝廷酌情减免。朝廷稽核后，减少了景德镇瓷器进贡数量的一半。时隔不久，张栋又据实呈报江西多地的灾情，恳请减免赋税，拨款赈济，朝廷也采纳了他的意见。张栋曾祖父获悉后，称赞张栋做得好，从而更坚定了张栋的信念。而后，因天灾人祸，农民累积拖欠的赋税确实缴纳不起，不宜再予追索，他又上书请求将陈年旧租一律蠲免。这个建议引起了朝廷的重视，却因执行起来难度大、阻力重，最终半途而废，张栋为此叹惜不已。

数月后，张栋升任刑科左给事中，职务升迁了，但他善良的本质未变，爱民之心没丢，故而再度进奏，吁请减轻农民负担。当时朝廷规定，相对较为富庶的江南地区，苏州、松江、常州、嘉兴、湖州五府，除正赋以外，须再加专供朝廷和官员所用的粳米与糯米，被民间称为“白粮”。此笔额外的漕粮，不啻是压在江南人民肩头的重负，每到交“白粮”时，许多农民因此而饥寒交迫，有的甚至家破人亡。张栋自幼目睹这一赋税弊端，深恶痛绝，如今当上言官，便直抒胸臆，为百姓代言，恳求把这笔额外的徭役折合成相等数额的银两交入漕运，这样可有效减轻农民负担。但一些地主出身的官僚，眼睛却像长在头顶上，不能站在底层角度看问题，对底层农民毫无怜悯之心，不但不支持张栋的这一建议，反而嘲讽张栋不切实际，将张栋的建议冷漠驳回。张栋获悉后，义愤填膺，仰天悲叹，他心想，既然不能为民请命，还戴着这顶乌纱帽有何意义？于是他果断上疏告病，辞官还乡了。

栽什么树，开什么花，结什么果。家庭的熏陶无疑对张栋个性的形成与人格的建立起到了不可小觑的作用。张栋尽管官位不高，无力呼风唤雨，履职时间也不长，甚或留下些许未尽事宜，但他每次履新，所到各地，时刻铭记曾祖父的教诲，慈悲情怀犹存，深植在他心底的善根始终没有枯萎、夭折；他恒持善心，保有爱意，默默传承着良好家风，自觉为民分忧解难，用注满深情厚爱的言行，书写了流传至今的美谈佳话。

汪思聪：滴水恩涌泉相报

邵卫花

清朝康熙年间，昆山榭麓村有一位乡绅，他为乡里做了许多好事。至今，人们走过相关的桥，都会说起他的名字。他就是汪思聪。汪思聪，字德达，号启竹，老家在徽州（今安徽歙县），父亲是做笔墨生意的。汪思聪父亲是传统的儒者，讲道义，重诚信，宅心仁厚，一生为善。汪思聪受父亲的教育、影响，也与人为善、知恩图报。

一次，汪思聪外出做生意，行船至榭麓江，遇到急风浪，船翻了。榭麓村村民不仅救了汪思聪，还帮他打捞起部分货物，避免了重大损失。受村民邀请，汪思聪在榭麓村歇息了几天，休养生息之后才再次出发去做生意。常年在外奔波的汪思聪一直想找个心仪的地方安居乐业，在榭麓村受到的厚遇，让他决定把家安置在榭麓村，并用自己的力量来报答村民的恩情。

榭麓人勤劳淳朴、善良热情，过着男耕女织的生活，主种油菜、水稻和棉花。闲暇时，榭麓村的妇女纺纱织布，且织出的棉布经久耐用，很受欢迎。汪思聪就此做起了粮油、棉花和棉布的生意。

汪思聪的生意越做越大，家资越来越丰厚。他一直没有忘记榭麓村民的救命之恩，并时时想着要报答他们。他看到村里人家有难处了，就慷慨解囊，倾心相助。

汪思聪一生乐善好施，济贫扶弱。夏天到了，他见贫苦人家无蚊帐，受蚊虫叮咬，痒痛难忍，就给他们送去蚊帐。冬天到了，天寒地冻，他见苦寒人家穿着单薄的衣裤，在风里瑟瑟发抖，就给他们送去棉衣棉被，帮助他们安然过冬。村里有人生病了，他会去探望，送医送药。乡里有人去世，无钱买棺材下葬，他就花钱帮着买棺材，帮着料理后事。

江南多雨水，经常发生洪涝灾害，使得良田颗粒无收。遇到这种灾年，很多农民的生活无以为继。汪思聪看到灾民们面黄肌瘦的样子，就义无反顾地打开自家粮仓，舍米救济村民。除此之外，每天早晚，他还让人煮上两大锅粥，舍给那些从别处来此避难的饥民；遇无家可归的人，他就安排地方给他们住，让他们免受风餐露宿之苦。这些，在他看来，只是小善。除此之外，他还把榭麓村的发展建设，作为自己的责任。

榭麓村河流密布，湖泊众多，号称“三湖四白荡”。如果河上没桥，只能用船摆渡，人们出行很不方便，汪思聪感同身受，于是，他决定在人们经常摆渡的河道上建桥。十七年间，他一方面赚钱，一方面捐资，先后建了栅桥、双护桥、远猷桥、龙凤桥、山海桥、中市桥、通济桥七座桥。如今，这些桥，有的因乡镇发展需要已被拆除，有的还在使用，但是那一个个桥名都还留在榭麓村村民的心里。

除了筑桥铺路外，汪思聪还关注着乡村未来发展的命运。汪思聪捐资建了文昌阁，内设紫阳书院，便于周边乡邻孩童读书学习。自此，榭麓村有了自己的学校，一时间，榭麓村读书之风盛行。时任江苏巡抚的张伯行对汪思聪建学校的事情，大为赞赏，并拿出自己的藏书理学全书六十种，捐给书院，作为孩童受教、学习的文本。文昌阁的建立，给原本只有农耕文明的榭麓村注入了一股书香之气。汪思聪去世后，村民在文昌阁左侧刻字立碑，纪念他。

汪思聪是历史上的新昆山人，昆山富裕的土地、纯朴的民风成就了他的事业。汪思聪以一个新昆山人的拳拳之心，回报了他热爱的昆山，也给一个偏僻小村带来了清新的好风尚。

朱柏庐：替妹择婿重品行

蓝　鸿

深秋时节，院内满地红叶，给简朴的庭院增添了几分诗意。在书房埋头苦读了一下午的朱柏庐，此刻站在窗口望着满院秋景，心神安宁。

这时，朱柏庐的妻子走进来放下一份糕点，轻声说道："老爷，看书累了吧，吃点东西。"

朱柏庐转过身来，问妻子："前些日子，我让你打听的事情怎么样了？"

朱柏庐十八岁那年，父亲朱集璜在驻守昆山城抵御清军时不幸遇难，以身殉国。自那以后，朱柏庐就挑起了家庭的重担，侍奉老母，抚育弟妹。转眼几年过去了，朱柏庐的弟妹们已长大成人，到了谈婚论嫁的年纪。

前些日子，王婆媒和孙媒婆先后找上门来给朱柏庐的妹妹说亲。王媒婆说的刘家后生，父亲是个杀猪匠；孙媒婆说的李家后生，家里开豆腐作坊。王媒婆和孙媒婆凭着各自口吐莲花的本事，把男方家里的各种好说得天花乱坠。朱柏庐一时难以定夺，就让妻子私下里再打听打听，看那两个后生性格、品行如何。

现在朱柏庐提起这件事，妻子笑了笑，说："事关小妹的幸福，我当然要打听仔细了。"

妻子告诉朱柏庐，刘家父亲虽然是杀猪的，却一心想让儿子走上仕途。刘家后生从小就只管读书，其他事情一概不沾，现在是个秀才，平日里手不能提，肩不能挑，家里家外全靠他老娘操持。至于孙媒婆说的李家，全家老小都靠那间豆腐作坊过日子，生意倒也不错，家境也比一般人家要好些。李家后生从小就跟着家人学做豆腐，读书不多，却有好手艺；不过平日喜欢喝酒，常常喝得烂醉如泥。

听了妻子的介绍，朱柏庐的心里有点纠结。

“老爷您看，这刘家和李家，哪家合适？王媒婆和孙媒婆还等着我们回话呢。”妻子问朱柏庐。

“事关小妹的终身大事，急不得，让我再想想。”朱柏庐答道。

几天后的一个清晨，朱柏庐路过集市，看见一群人围着一个小伙子在买他的蔬菜瓜果。

“这小伙子卖的菜就是新鲜，瓜果也是又水灵又好吃。”

“他呀，每逢集市就来这里卖菜，听说这些菜都是他自己种的。”

“想不到年纪轻轻，人倒是很勤快。”

“他呀，不光人勤快，还十分孝顺呢。老母亲腿脚不便，不能干活，因为有他这样的儿子，天天在家享福呢。”

……

买菜的人七嘴八舌地谈论着卖菜的小伙子。

朱柏庐听到人们的议论，也对眼前这个模样周正、身板结实的小伙子产生了好感。朱柏庐私下又详细打听了一番，得知小伙子名叫张小根，家住城外的张家庄，小时候念过几年私塾，父亲去世后与母亲相依为命。张小根家里有几亩良田，除了种庄稼，还种些蔬菜瓜果，每逢集市就挑出来卖，日子倒也过得不错。

这天回到家后，朱柏庐又让妻子托人去张小根的家里看了看。半个月后，张小根喜滋滋地跟着媒婆来到朱柏庐家提亲。

在妹妹出嫁前的一天晚上，朱柏庐把她叫到了自己的书房。

朱柏庐对妹妹说：“我们朱家的家风崇尚勤俭，选女婿不图钱财家境，只图人品好。张小根虽然家境一般，但他勤快能干又孝顺母亲，在邻里乡亲中口碑很好。让你嫁到这样的人家，居家过日子肯定是舒心的。”说到这里，朱柏庐从书桌上拿起一幅书卷递给妹妹，继续说道：“我们朱家也是平常人家，拿不出丰厚的嫁妆给你，哥哥一生爱好读书，写了一部《治家格言》，特意抄录了一份，作为嫁妆送给妹妹。希望妹妹到了夫家之后，勤俭持家，只要家人和睦，必能享受到幸福和快乐。”

这年腊月，朱柏庐的妹妹嫁给了家境平凡的张小根。正如朱柏庐所希望的，妹妹婚后夫妻恩爱，勤劳持家，侍奉老母，一家人生活得其乐融融。而朱柏庐以一部《治家格言》作为妹妹的嫁妆，一时间也成了当地的美谈。

钱七虎：反哺家乡情义深

邵卫花

2019年1月8日，中国人民解放军陆军工程大学教授、中国工程院院士钱七虎将军获得了2018年度国家最高科学技术奖。作为家乡人，昆山人都感到非常骄傲。然而不久后，另一则消息更是感动了全体昆山人——钱七虎将军把八百万元奖金全部捐献给了家乡昆山，用来捐资助学。

钱七虎这个名字，也是有其特殊意义的。钱父给子女起名，都是排行加生肖。钱七虎生于1937年，属牛，理应叫“七牛”，但牛常常被欺侮，再加上当时正值国难当头之际，无论国家还是个人都急需强大起来，父亲使用了下一年的生肖“虎”，给这第七个孩子起名“钱七虎”，期望他能像老虎一样勇猛强大，保家报国。

父亲在钱七虎童年时就去世了，几个孩子由母亲一人抚养长大。母亲从小就教育他们：一个人呢，不能光想着自己好，还要想着别人好。他母亲见到邻里有困难，常常会主动去帮忙。母亲的话，母亲的行为，对钱七虎影响非常大。

长大后，钱家的几个孩子相继去当了兵，杨湘老街上的人都称呼他们的母亲为“光荣妈妈”，以至于后来，大家都不知道她真正的名字了。

钱七虎深受父母的影响，发奋图强，在事业上取得了许多惊人的成绩。他虽然离开家乡很久了，但时刻挂念着家乡的发展，特别是对家乡的莘莘学子，更是常挂于心。二十世纪九十年代，他开始资助家乡的贫困学生，帮助他们完成学业。在所有受助人中，李珍珍全家得到了钱七虎无微不至的关怀。

李珍珍的爸爸因癌症去世，全家失去了希望，妈妈沉浸在悲痛中，茶饭不思。钱七虎知道后，负担起了李珍珍和她姐姐的读书费用，并经常打电话来，鼓励她们不要担心，好好学习，好好生活。2000年，李珍珍妈妈在服装厂上班时，经常头昏，时不时会晕倒。钱七虎知道后，特地从南京开车到淀山湖镇，把李珍珍妈妈接到了南京，送往医院检查。经查，李珍珍妈妈因全血低（所有血液指标都低），需要治疗一个多月。这一个多月，李珍珍妈妈就住在钱七虎的家里。钱七虎全家把她当成自己的家人，精心照料她的饮食起居，直到她康复。

李珍珍妈妈回家后，需要长期服药，钱七虎就让人估算好疗程，不间断地寄药过来。这一寄，就是十多年。李珍珍大学毕业后，很长时间都没有找到适合自己的工作。她把自己的困难告诉了钱七虎，钱七虎设法帮她找到了工作。时至今日，每每说起钱七虎院士，李珍珍妈妈都会心潮澎湃，感激地说："我们家能有现在的生活，离不开钱院士的鼓励和帮助，我们深深地感激他。"

钱七虎在淀山湖镇设立了"瑾晖"慈善基金，"瑾"字，缘于他母亲的名字，以表达他对母亲的怀念，不忘母亲的教导；"晖"字，缘于他爱人的名字。

“瑾晖”慈善基金，除了用于助学外，还用于助老，给那些有困难的老人提供帮助。截至目前，受到他资助的人数达百人，金额达一百多万元。

在淀山湖镇，钱七虎的名字已经家喻户晓。大家除了称赞他在科学领域取得的成绩外，更多的是传播他反哺家乡、护幼助老的事迹。

周火生：希望之火心相传

张其平

在昆山，周火生被称为“希望骆驼”“昆山捐资助学第一人”，但他更愿意称自己为“希望工程搭桥工”。

周火生一直教导自己的儿子志刚：“真正高大的人并不是以强力称雄，而是靠心灵，一个再普通的人也会因心灵的纯粹而伟大。”

可是一开始，志刚并不理解父亲的行为，觉得父亲太傻，对自己的家庭关心、照顾太少，总是把钱送给素不相识的人。

1992年的一天，周火生从电视上得知安徽金寨县建成了全国第一所希望小学。他想，我退休了一定要去那里看看。隔年春天，周火生先乘火车后转汽车，走过泥泞的山路，总行程达六百多公里，第一次把助学款送到了山里孩子的手上。

也是那一年的暑假，小鹏即将升初二，可是临近开学，小鹏的学费还没有着落。小鹏爸爸操碎了心，一直在外四处奔波，却一点办法都没有。一天中午，有人给小鹏爸爸捎来口信，让他和小鹏第二天到镇上的希望小学和一位老人见面。小鹏爸爸高兴得一夜没合上眼睛。上午8点钟不到，小鹏爸爸就领着小鹏赶到了学校。教室里坐着许多小同学，一位老人拿着表格，一个个叫着同学的名字，被喊到名字的同学依次走上讲台，接受老人赠予的学费和学习用品。

小鹏手里捧着两百元的学费走出教室，这是他第一次领到资助。打那以后，每个学期他都能得到老人捐给他的学费，从初中一直到考上大学。如今，他已走上了工作岗位。

这位老人就是周火生。周火生心系贫困学子，前后共一百次带着自己攒下的工资和筹集的钱款，如苦行僧般来往于昆山至金寨的希望之路上，总共资助了一千三百多名学生，使他们圆满完成了学业。

在昆山的街头巷尾、校园、企业，人们总能看到一个清瘦的老人，骑着一辆三轮车，车上挂着“为希望工程义卖”的小旗子。二十五年来，周火生起早贪黑、不辞辛苦，义卖图书二十多万册，四辆崭新的三轮车硬是被他骑成了废铁。周火生把太多的心血倾注在了捐资助学上，自己的生活却是能省则省，简朴得让人无法置信。他居住的房子成为一个堆书的仓库，而义卖书籍所得全被他捐给了希望工程；屋里几件简单的家具还是二十世纪六七十年代的，一台14英寸（约等于35.56厘米）的电视机已经看了十几年。

“只有走进了大山，才能真正体会那里的娃娃有多苦，是多么渴望读书。”周火生说。他就像一个殉道者，日复一日、年复一年地燃烧，换来了大山里贫困学子的琅琅书声。希望之火，生生不息。周火生在捐资助学的路上奔走了二十五年。刚上路时，他刚过花甲，尚能健步如飞；如今，二十五年过去了，他已届耄耋，步履明显变得蹒跚。唯一没变的是，他始终没有停下自己奔走的脚步。

儿子志刚最终被父亲的精神打动了，也加入了爱心义卖的行列，扛起了爱心奉献的大旗；他推起父亲的三轮车，走得和父亲一样坚定而踏实。他说，父亲的精神是一笔宝贵的财富，父亲不是傻，是大爱。志刚立志要把父亲的精神作为周家的家风一代一代传承下去。

2017年9月，第六届江苏省道德模范评选正式揭晓，周火生当选诚实守信模范，成为昆山市首个省道德模范殊荣获得者。周火生的事迹也影响了昆山好多家庭，一个个充满爱心的家庭，在周火生精神的感召下，带着孩子奔赴金寨，对那里的孩子进行帮扶和资助。

昆山家风故事 | 勤学篇 |

陆　机：百代文宗冠后世

张其平

三国鼎立时期，陆逊家族是吴国的豪门望族，家风忠义，有强烈的进取之心。

陆逊身为丞相，有勇有谋，出生入死，打了很多胜仗，战功显赫。吴蜀之战中著名的火烧连营七百里，大败刘备数十万大军就是陆逊创造的战争奇迹。

陆逊的儿子陆抗也是一位将军，担任过东吴大司马、荆州牧等要职，建立了卓越的功勋。虽然那时孙吴江山已是日薄西山，但陆抗照样在西陵之战中大败西晋名臣羊祜，并俘杀了东吴叛将步阐。

可惜，最终吴国还是灭亡了，陆逊的后人陷入了国破家亡的境遇。

陆逊的孙子陆机和陆云当时年纪不过二十岁左右，是两个才华横溢的年轻人。本来，家世如此显赫，如果吴国没有被灭，凭借门第和才识，陆机轻易就可飞黄腾达，然而时局多变，陆机和弟弟陆云被晋人俘获，流放到了安徽寿县。陆机对弟弟多有勉励，期待重新光耀家族，显示了身为兄长的责任和担当。后来，晋武帝听说陆氏兄弟虽年少却才学出众，便动了恻隐之心，释放了他们，让他们回到了家乡。

对于这样的大起大落，陆机兄弟内心自然难以平静，但又不得不面对现实。陆机回想父亲曾经对自己的教诲，决定沉下心来埋头苦读，在书中寻找匡扶家业、重振门庭的途径。

在家乡的北山脚下，兄弟二人简单修葺了陆氏旧宅，并在东北坡修筑了一个读书台，从此在这个景色秀美、远离尘嚣的地方潜心攻读、诗文唱和，整整度过了十个春秋。

春去秋来，寒来暑往，树叶黄了又绿，山坡上的野花开了一季又一季。陆机在读书台上心无旁骛研读诗书，把古往今来的著作读了又读，还记下了阅读时的心得与感悟。

十年磨一剑。这十年的闭门苦读，让陆机终于完成了艺术上的锤炼和知识上的升华，陆机虽然人在家中隐居，文章却不胫而走。陆机从此修成正果，名扬天下。

陆机为后人留下了许多旷世佳作，成为西晋太康年间最负盛名的文学大家，被誉为“太康之英”。他的文章辞藻宏达佳丽。

陆机的赋今存二十七篇，大多篇幅短小、文笔清灵、回环曲折，其中最重要的著作是《文赋》。《文赋》是他在创作的基础上总结前人的成果和经验而写成的，是我国第一篇对创作构思进行系统探索的理论文章，对文学创作过程中的重要问题及各种文体的特点有精到的论述。

陆机的散文有很多峭拔之作，比如著名的《辨亡论》。该文论东吴兴衰的历史经验教训，笔势劲健，堪称西晋论文中最为博大的篇章。

陆机还是一位杰出的书法家，他写的《平复帖》

是中国古代存世最早的名人书法真迹，是书法中的珍品，有“法帖之祖”的美誉。

陆机的修养与成就在中华民族文学艺术史上有着不可动摇的地位。唐太宗李世民曾撰写《陆机传论》评价道，“百代文宗，一人而已”，给予了陆机极高的评价。“百代文宗”的桂冠真可谓空前绝后。

作为一名文人，陆机这样的英才无疑是历代所罕见的，这既是他自身努力的结果，也与他从小接受的家教和陆家良好的家风紧密相关。陆机在钟灵毓秀的山川原野滋养和代代相传的家风熏陶下成为一代文豪，为昆山的人文历史留下了厚重的一笔。

梁辰鱼：知行合一填浣纱

钱　笠

梁辰鱼，字伯龙，号少白，曾作《红线女》等杂剧，但以传奇《浣纱记》最为著名。梁家是书香门第、诗礼传家。梁辰鱼本人不仅工诗词歌赋，尤其善于度曲，精于音律。梁辰鱼谦虚好学，不断增强脚力、眼力、脑力、笔力，在学习上做到了知行合一。梁辰鱼崇尚“读万卷书，行万里路”的古训，不仅博览群书，更是游遍天下，践行了“纸上得来终觉浅，绝知此事要躬行”。

三十四岁时，梁辰鱼开始了他人生中的第一次远游。这次远游的方向是东南沿海，他先南下到浙江的会稽，寻探大禹治水时留下的洞穴，再到永嘉，历览苍诸名山。梁辰鱼此行领略了古越国的风土人情、地貌山势，了解到东南沿海抗倭的实情，极大地激发了他的爱国情怀。

两年后的九月，梁辰鱼开始了再一次远游。这次他不再向南，而是往西，以水路为主。他沿长江，经九江，来到了鄱阳湖，先后登上了著名的滕王阁、黄鹤楼；之后观览了庐山瀑布，凭吊了三闾大夫屈原的墓，谒黄州赤壁矶苏东坡祠堂，又沿赤壁，怀古三国周郎的遗迹；到荆州时，受到了当时的辽王朱宪㸅的热情款待。

梁辰鱼此行不但遍览湖北、湖南、江西一带荆楚大地的自然风光和名胜古迹，还与旅居该地的同乡好友李宪卿、周胤昌、顾懋宏相会，大家一起游山玩水、煮酒品茗、谈古论今，既增进了友谊，又增长了见识。

嘉靖四十五年（1566）春，梁辰鱼第三次远游。这次他北上齐鲁，一路上经泰州到兖州，登泰山一览众山，临济南李白酒楼一醉方休，还专程到历城东庄草堂，拜访了文坛领袖李攀龙。

来到章丘，梁辰鱼拜访了大名鼎鼎的戏曲家李开先，与李开先畅谈南曲北调。

梁辰鱼至青州，雅好文辞的新乐王朱载玺早就听说梁辰鱼的名声，就在他的内苑设宴招待梁辰鱼。席间莺歌燕舞，演出了几折昆剧，梁辰鱼即席赋诗拍曲。从此江湖传言，梁伯龙所制的唐令、元剧乃至国朝之声，多飞入内家藩邸、戚畹、贵游间。

经过这几次远游，梁辰鱼收获颇丰，同时名声大噪，为一时词家所宗。

大约在四十六岁前后，梁辰鱼创作了史上第一部用纯正昆腔演唱的传奇——《浣纱记》，史称昆剧的“开山之作”。梁辰鱼的《浣纱记》以范蠡和西施的爱情故事为线索，叙述春秋时期越王勾践卧薪尝胆、灭吴复仇的故事。故事取材于东汉赵晔所撰《吴越春秋》，因此该剧原来即名《吴越春秋》，全剧共四十五出。

梁辰鱼的《浣纱记》成功地把昆曲搬上了舞台，使昆曲大放异彩，一时间“填词赢得万人传”。同乡人叶奕苞说：“明嘉隆间，吾邑高人梁伯龙，以能诗歌，善度曲，称于天下。”

几次出游，极大地开拓了梁辰鱼的眼界，提高了他的艺术素养，为他创作昆剧传奇《浣纱记》打下了坚实的基础。

顾炎武：谨遵蠡源公教诲

庄　吉

顾绍芾（1563—1641），字德甫，号蠡源，太学生，是顾炎武的继嗣祖父，也是顾炎武幼年时期对其影响最大的两人之一。顾炎武尊称顾绍芾为“蠡源公”。

蠡源公文才极好，作诗仿李白、李贺；尤其擅长书法，笔法遒劲，与褚遂良、虞世南神似。书坛宗师董其昌对蠡源公十分赏识，曾经对人说：“见德甫笔墨，令人有退舍之想。”蠡源公五十岁时，放弃科举进仕的道路，转而学经世之学，老而弥坚。蠡源公喜欢读书，几十年中不断地增加自己的藏书，加上继承父亲的书籍，到立顾炎武为嗣时，蠡源公的藏书有了五六千卷。

明天启三年（1623），时局动荡，朝政不稳，徐鸿儒在山东发动白莲教起义，荷兰殖民主义者入侵澳门，努尔哈赤的军队攻占沈阳……这些消息，使得蠡源公日夜坐卧不宁，有一种“山雨欲来风满楼”的感觉。一天，他指着庭院中枯黄的草根，一本正经地对少年顾炎武说：“你们这辈人今后能吃得上这种东西，会是非常幸运的事了！”听了这话，顾炎武半信半疑，年仅十岁的他还不太明白祖父这句话的真正含义，但是看到祖父一副忧心忡忡的样子，心里也不是个滋味。而祖父忧国忧民的情怀和爱国主义的种子，深深播在了小顾炎武的心里。

从那时起，蠡源公就开始教顾炎武读古代兵家孙子、吴子等人的书，以及《左传》《国语》《史记》等国学经典书籍。顾炎武一生之所以从事史学方面的研究，就是从那时候被启蒙的。

随后，蠡源公又开始教顾炎武读《资治通鉴》，而且读的是司马光的原本。为什么要让顾炎武读司马光的原本，而不读当时社会上比较流行的朱熹编

的《通鉴纲目》呢？蠡源公说：“现在大多数人都只学《纲目》，因为省力，又快，我不这样认为。我觉得窜改古人的著作是最要不得的，班孟坚之改《史记》，必不如《史记》；宋景文之改《旧唐书》，必不如《旧唐书》；朱子之改《通鉴》，必不如《通鉴》。”这样的评价是十分中肯的。事实上，朱熹改编《资治通鉴》，的确打破了原著的历史脉络，目的是想借用历史书来宣扬他的理学主张。蠡源公看到了其中的问题。

等到顾炎武读完《资治通鉴》后，蠡源公又马上让他读《邸报》。《邸报》是明代官方的公报，刚开始是靠抄写流传，到了崇祯年间才有印刷品。顾绍芾十分喜欢这份文献资料，每期必读，并用小楷原原本本抄录下来，累计摘录、整理了从万历四十八年（1620）七月至崇祯七年（1634）九月期间的大量明代晚期历史文献，装订成二十五大本，以备查考。顾炎武看到祖父那样专心抄摘，就问他为什么不自己著书立说？蠡源公对他说：“著书不如抄书。现代人的学问不如古人深厚，抄书可以吸取和整理前人的思想学术成果，当知识积累到一定程度的时候，自然而然就会形成自己的看法和见解。你们年轻人要努力，认真读书、抄书才行。”这种对著书立说的严谨态度极大地影响了顾炎武以后的学术研究。后来顾炎武根据《邸报》和蠡源公积累的资料，编写了《明季实录》《皇明修文备史》等史学著作。

令人惋惜的是，蠡源公所抄录的数十本《邸报》资料和大部分藏书因明清鼎革散失，到顾炎武北游时仅存两三千卷。他无奈地说：“自罹变故，转徙无常，而散亡者十之六七……”受蠡源公的影响，顾炎武喜读书、藏书，更注重抄录之功。他的名著《天下郡国利病书》《肇域志》等，就是日积月累不断抄录的学术成果。

门生潘耒回忆顾炎武先生时说：“先生无一日不读书，无一日不抄书。”这正是顾炎武从蠡源公那里传承下来的好家风、好习惯。

朱文鑫：浩瀚宇宙一颗星

蓝　鸿

初秋，夜凉如水。一颗颗闪亮在夜空的星星，仿佛在静静地诉说着宇宙间不为人知的奥秘。

苏州颜家巷66号一座普通民宅的天台上，放着一架天文望远镜，一位男子正通过它聚精会神地观察着夜空的天象。身后传来轻轻的脚步声，妻子把一件外套披在他身上，小声叮嘱着："夜深了，早点回屋休息吧。"

"我再观察一会儿，难得今晚天气晴朗，天空看起来这么清爽。"男子一边继续观察着天空，一边回答妻子。男子年过四十，鼻梁上架着金丝眼镜，看起来文质彬彬，极富学识，此人就是当时已赫赫有名的天文学家和教育家朱文鑫先生。

朱文鑫出生在昆山陈墓镇（今锦溪镇），朱家是当地的名门望族，家中藏书上万册，子孙均以读书为荣。朱文鑫的祖父朱培源勤奋好学，善治经史，精岐黄术，清同治十二年（1873）拔贡朝考二等。朱文鑫的父亲朱祖方擅长数学，与友人创办了吴昆公立两等小学堂。朱文鑫在祖父和父亲的言传身教之下，从小得渊源家学，既勤奋好学，又善于思考，博览经史，才华过人。二十五岁那年，朱文鑫赴美国留学，入威斯康星大学攻读天文学和数理科。

大学期间，朱文鑫孜孜不倦地学习，不但著有《中国教育史》和《潘巴斯切圆奇题解》两本学术书，还对十八世纪法国天文学家梅西耶所发表的103个星团和星云的位置进行了重测，深受美国学者的器重，被邀请加入美国数学学会和天文学会。

民国元年（1912），朱文鑫学成回国，在上海南洋路矿学校执教，后担任校长。尽管当时社会动荡，时局不稳，朱文鑫在忙完了一天的工作后，无论身心多么劳累，都要翻阅古今中外的天文书籍，夜里都要用天文望远镜仔细观察天象，无论严寒酷暑，从不间断。

这天晚上，朱文鑫正在书房里批注资料，有位从上海赶来的陶姓好友登门拜访。闲聊了一会儿，好友问道："朱兄，你在上海做得好好的，为何要搬到苏州这个偏僻的小巷里？"

朱文鑫听了，微微一笑，轻声说道："陶兄，你知道我酷爱天文，经常要观察天象。夜上海霓虹灯多如繁星，真正的星空却看不清了。再说，我在上海公务繁忙，平日里应酬又多，时间总是不够用，多少会影响到我搞学术研究。所以我思前想后，还是把家安置在苏州比较好。"

说到这里，朱文鑫指了指书桌上的一堆资料，兴奋地说："陶兄你看，这二十四史中有关天文的部分，我都用蝇头小楷朱注墨批。这半个月来，我正在撰写《天文考古录》。苏州这个小巷子，安静、清爽，让我坐得住冷板凳啊！"

好友听了这番话，感触良多，说："朱兄如此志向，实在令陶某敬佩。朱兄如此勤奋刻苦，日后一定更有大作为。”

朱文鑫谦虚地说道：“我从小深受家风影响，深知这世间学问如同夜空繁星，朱某终其一生，恐怕也不能探得所有宇宙间的奥秘。”说着，朱文鑫邀请好友上天台观看天象。

夜色茫茫，星云变幻，朱文鑫的一颗心早在第一次接触天文学时就已化作一颗星星融入那片神秘的星海之中。朱文鑫穷毕生精力奋发研究天象，利用现代天文学理论对中国古代天文学进行深入研究，先后撰写了《天文考古录》《历法通志》《天文学小史》等，还翻译了《近世宇宙论》等外国著作。

朱文鑫一生著述有五十余种，是中国近现代天文学和天文考古学的奠基人，受到国内外学者的推崇和敬仰，他却以诗句明志：“德业抱衡石，富贵自浮云。”朱文鑫一生能有如此成就，却又淡泊名利，与其从小受家风熏陶有密切关系。

陆曙轮：柿园人家飘书香

万　芊

德求堂柿园陆家是昆山锦溪镇有名的书香门第，他们是吴郡水东陆氏的一个分支。其十九世孙陆凤章先生是前清秀才，饱读诗书，学识丰富。清光绪末年，为能接受新式教育，陆凤章把在锦溪的两个儿子老六传纪和老七传约带到了苏州城，住在西美巷八号。但因家中财力有限，陆凤章只能重点培养老二偕笏和老七传约。

陆家老六名传纪，字序伦，后改名曙轮，当年八岁。他生下来不会吮奶，只能用羹匙喂；到了两岁说话还含糊不清，到处求医无法医治，医生说这孩子小舌头短，天生的。因天生缺陷，老六没能享受到家庭重点培养的待遇，从吴县县立第一高等小学毕业后就辍学了。陆凤章不忍心孩子因此荒废学业，就将他带在身边，自己教些古典诗词和书画。

陆凤章家学深远，他是唐代诗人陆龟蒙的三十六世孙。他的祖父缦卿公在清同治年间中过举人，但没有做过官。家中一代代积累下来的书籍，应有尽有。书法碑帖，名家画册，尽可随手拈来，俨然是个小书库。老六曙轮在父亲的熏陶下，对书画表现出浓厚兴趣，临摹名家名帖，一坐就是一整天。陆凤章喜爱围棋，有时看孩子读书辛苦，也教他下下围棋，还有意让他出去走走。当时苏州城里文化气氛非常浓郁的三元坊、十全街等地，到处是古玩市场。老六只要有点小钱，就买上一两件回家把玩。老六还特别喜欢围棋，常常在怡园流连忘返，因为当时苏州的棋坛高手都在怡园切磋棋艺。浓厚的兴趣，使老六沉浸在浩瀚无边的知识海洋中，孜孜以求，不知疲倦。小小年纪，老六就在诗、书、画、棋上，表现出惊人的天赋。有一次观看他人对弈时，老六在一边出的一个小小妙招，让一方大获全胜。老六的名声一下子传了出去，一些老棋手常拉他下让子棋。到了让二子时，老棋手们都不肯下了，生怕输给一个十岁小孩而失面子。二十世纪二十年代，十来岁的老六陆曙轮已被公认为苏州棋坛的神童。

民国二十五年（1936），陆凤章因病去世，陆家老二、老七，没辜负老先生心血，一个赴日留学；另一个考取江苏省立苏州工业学校，中华人民共和国成立后担任铁道部第四设计院的总工程师，成了陆家的骄傲。而因生理缺陷没有上过多少学的老六曙轮，却通过自身的发奋努力，在艺术领域收获了自己的一片天地，他的诗、书、画、棋，都达到了很高的境界。只有小学学历的陆曙轮被颜文樑创办的苏州美术专科学校聘为教师。民国二十六年（1937），署名陆纪的《秋山萧寺图》，与徐悲鸿、黄君璧、张大千、黄宾虹、潘天寿、刘海粟等大师的作品一起入选第二届全国美展，这是当时全国规模最大的美术作品展览。陆纪即陆曙轮。这幅《秋山萧寺图》还被刊登在1937年第38期《美术生活》杂志上。然而，时逢大动荡年代，本应怡情养性的艺术才能只能成为陆曙轮维持生计的一个途径。抗战期间，陆曙轮客居上海愚园路忆定盘路的月村，以鬻画养家糊口。二十世纪三十年代，陆曙轮曾多次与日本围棋高手桥本宇太郎、濑越宪作等对弈，人称国手“陆二段”。

陆曙轮回锦溪后，住在陆家老宅柿园，每日画画、写字、下棋，过着清贫的田园生活。陆家有着良好的家教，陆曙轮的子女中有三人毕业于名牌大学；小儿子陆家衡在这浓厚的书画氛围中，悉心钻研，脱颖而出，成为当代著名书法家。

陆家老宅柿园种植的三棵柿树，年年枝叶繁茂、硕果累累，如家风一般代代相传，故陆家被人称为“柿园人家”。

费俊龙：勤奋终圆飞天梦

张其平

航天英雄费俊龙出生在昆山巴城镇，在他读小学的时候，父亲就总是叮嘱他要认真学习，听老师的话。费俊龙把父亲的话牢牢记在心上，读书很上进；有时母亲做早饭做得稍微晚一点，他就会很着急，生怕上学迟到。

去学校的路是一条泥路，一下雨就非常湿滑泥泞，但费俊龙风雨无阻，没有旷过一天课。生性温和的费俊龙，学习成绩一直是班级里的前几名。

那时候，小学刚开历史课，很多同学都觉得历史是副科，学得好和不好都没有关系，费俊龙却从不这么想，虽然每周只有一节历史课，但他每天都把课本放在书包里，生怕哪天要上课忘记带课本。

一天中午，费俊龙独自坐在座位上整理书包，做下午上课的准备。他看了看下午的课程表，第一堂是历史课，可是翻遍了书包，都没有找到历史课本。这下费俊龙急了，起初，他以为是哪位调皮的同学把他的历史课本藏起来了，可是一问，大家都说没有见到。费俊龙想了想，回忆起来是前天晚上自己在家里背历史习题，忘了把课本放回书包。

上课怎么可以没有课本呢？费俊龙的耳边响起了父亲的教诲。

“不行，我得赶快回家去拿历史课本!”费俊龙算了算时间，对自己说：“跑快点，应该来得及。” 费俊龙匆匆往家里跑去，那飞快的身影犹如田径场上的长跑健将。中午时分，太阳火辣辣的，费俊龙跑得满头大汗。

下午第一堂课的铃声响起时，费俊龙静静地坐在了课桌前。

全班同学望着费俊龙，都感到惊讶。同桌问他：“费俊龙，你怎么有历史书了?”他指了指自己的两条腿，神秘而自豪地笑了。

为了练成一手好字，费俊龙刻苦练习书法。村里人总会看到一个背着一卷宣纸行走在田间小路上的少年，那个少年便是费俊龙。老师说过，真正的书法必须在宣纸上练习才能练得好。费俊龙把老师的话记了下来，每天都把宣纸背在身上，一有空就练习，终于练出了一手好字。

费俊龙从小就羡慕军人，他看到电影里解放军的样子十分帅气，就自己做了个五角星，缝在帽子上，戴上后觉得特别神气。即将高中毕业的时候，空军飞行学院来学校招收飞行员，费俊龙悄悄报名参加了飞行员体检，并顺利通过了考核。

“既然选择了上天，那就要好好飞！”这是临行前父亲对费俊龙的嘱托，也成了他人生的座右铭。

两年后，费俊龙以全优的成绩从空军飞行学院毕业，正式成为一名空军飞行员。后来，费俊龙又从一千五百多名优秀空军飞行员中脱颖而出，与杨利伟、聂海胜、翟志刚等人一起成为中国人民解放军航天员大队的一员。

2005年10月12日9点整，随着一声“发射”的口令，神舟六号飞船发射升空，费俊龙开始了他的太空之旅，成为全世界瞩目的焦点。从江南水乡田间小路上那名总背着一卷宣纸去上学的娃娃，到背负中华民族探索太空重任的航天员，费俊龙把自己的梦想从纸上带到了浩渺的太空。

2006年10月12日，正是“神舟六号”飞天一周年纪念日，当一身戎装的英雄航天员费俊龙走进母校巴城小学的大门时，等待多时的老师和学生们都欢呼起来，校园顿时成了欢乐的海洋。

费俊龙的父母从教室里走出来，望着久别重逢的儿子，眼里噙满了泪，心里充满了无比的喜悦和骄傲。

昆山家风故事 | 修身篇 |

王　鉴：临行题字育后人

邵卫花

昆山淀山湖镇度城王氏，是昆山王氏的一个支脉，也是以“忠孝”为本的“三槐王氏”的后代。他们这一支在度城居住已有三百多年，小千灯浦两岸的人家都是姓王。王鉴传承“忠孝”思想的故事，成为一段佳话。

王鉴出身于耕读世家，是度城的一名乡绅，他一生秉承先祖的家风，时时遵从“忠孝”的家训，以忠报国，以孝持家。他不仅教育自己的子女要有良好的道德品质、端正的行为举止，同时也用自己的实际行动影响着周围人。他写的一篇《梦竹感赋》，写了竹子有凌云壮志、强劲筋节、谦逊虚心的本质；他以诗言志，通过赞扬竹子，来表达自己高尚的人格追求。

天顺三年（1459），王鉴准备辞别家人，北上参加考试。临行前，他看到家里的孩子年纪还小，又不懂事理，心里很担心。虽然自己已经教了他们《三字经》《千字文》等启蒙教材，但毕竟孩子幼小，没有真正懂得其中的道理，且他们有的懵懂无知，有的还很顽皮，如果不加以正确的引导和教育，恐怕会耽误他们的前程。北上考试，路途遥远，自己这一去就要两三年。这么长的时间里，不仅会荒废孩子的学业，也会耽误孩子懂道理、明事理的教育。想到此，王鉴显得忧心忡忡。

要怎样才能做到自己不在家也能对孩子进行教育，对他们进行培养呢？王鉴冥思苦想，在厅堂内来回地踱步。他猛一抬头，看到厅堂两边的墙，心生一计：古代的人在墙壁上题诗作词，我何不把我要讲的话也题于墙上呢，让他们能日日见、时时见，日日思、时时品。

题什么呢？王鉴思索了片刻，心里有数了。

第二天，王鉴把孩子们叫到厅堂内，让他们端正站好。他拿出毛笔，蘸了墨汁，在墙上写下了“忠孝”两个大字。写完后，他先让孩子们讲讲自己对这两个字的理解，然后又告诉他们要怎样做才能达到“忠孝”。

王鉴说：“自古以来，‘忠孝’是做人的根本准则。今天，我在墙壁上写了‘忠孝’两个字，一是为了提醒自己，要为国尽忠，为家尽孝；二是为了勉励你们，你们也要努力做到这两点。我离开家的这些时日里，你们要时刻谨记‘忠孝’二字，并以此为标准，匡正自己的言行举止，万万不可有所违背。”

孩子们听了王鉴的话，都点头称是，表示一定遵从父亲的教诲。

自王鉴离开家后，王漳担起了父亲的责任，以“忠孝”为纲，教育勉励兄弟。他们兄弟几个，也时刻把“忠孝”记在心上。一家人，小辈孝顺长辈，兄长爱护弟弟，弟弟敬重兄长，过得其乐融融。

王鉴的后代虽然没有做太大的官，但他们受“忠孝”思想的影响，也颇有一番作为。如王壁为民请命，免除赋税，让百姓得以安居乐业；王继孝任知县期间，平定贼寇，保一方平安。

王鉴厅堂墙上题写“忠孝”二字，教育子女的事，传到了皇帝的耳朵里，得到了皇帝的称赞，皇帝便给王鉴家的厅堂赐名为“忠孝堂”。从此，度城村的忠孝堂也在村民心中扎下了根，王家的“忠孝”思想也成了度城村的村风。

魏　校：学书明理为官公

褚福海

宽敞明亮的书房一侧，摆着一张狭长的条案，文房四宝置于两旁，空气中弥漫着淡雅的墨香。魏校心里有些惶恐，却目不转睛地盯着案前那位须眉皆白的长者运笔转腕，只见那笔在宣纸上时而若鱼游静水，时而像策马疆场。魏校看得愣在那儿，痴迷凝滞。待一幅字写毕，魏校不禁拍手叫道："妙哉！妙哉！"

徐有贞面带笑意，踱至魏校身旁，轻轻拉他到案前，用手指点着一个个墨迹未干的隽秀行书，捋了捋浓密修长的胡子，缓缓言道："习书最讲究意蕴章法，需刚柔相济，道法自然。而做人，则与写字同理，宜直之处不可曲，该方之地切勿圆，否则，将会丧失骨气，丢弃人格。”

“是！外公，孙儿记住了。” 魏校朗声答道。

魏校幼年常去徐有贞那儿学书法，也时常聆听徐有贞的教诲。

徐有贞，原名徐珵，祖籍江苏吴县（今苏州），宣德八年（1433）进士及第，被选为庶吉士，后授翰林院编修。他虽身材矮小，却精明干练，颇有城府，且喜好功名，对天文、地理、兵法、水利、阴阳五行等学问颇有研究，但他在仕途上并不顺遂。不过，这未能掩盖其出色的书法水准。文徵明评他为当朝第一。王世贞曾评价徐有贞的书法是，“天全翁出入长沙（怀素）、襄阳（米芾）间，余尝评其书如剑客醉舞，傲傲中有侠气”。

有如此知识渊博、无书不精的外公，魏校所受的家庭教育和艺术熏陶可谓是耳濡目染、得天独厚。天资聪颖的魏校不仅跟外公学到了精湛的书法技艺，更悟明了处事做人的道理。

魏校成年不久，便中了弘治乙丑（1505）科进士，出任南京刑部主事。他在南京刑部主事任上，觉得刑官的一言一策均关乎黎民百姓的身家性命，需特别慎而待之，故时刻牢记外公恒持原则、秉公办事的诫勉，不敢有半丝半缕的疏漏。他还时常谦虚地向同僚胡世宁请教办案经验。胡世宁见他诚恳好学，为人正派，便告诉他：“用刑难于审情，若欲得情，必须明理。”魏校始终牢记这一箴言，在刑部履职八年，从不草率行事，更没轻易廷杖一人。每次审讯重囚，魏校总会斋戒默念；凡有冤屈，别人无法定案的，魏校则“片言决之”；遇到监刑之事，他人都穿着光鲜的衣服莅事，完事后甚或宴饮取乐，魏校则惨然淡服，不食酒肉。

后来，魏校转任兵部郎中，广东提学副使。光绪《信义志》记载，魏校在广东提学副使任上，正值嘉靖年初，魏校整顿社学，联盟师儒，将礼学作为教学内容，选拔人才时不单纯看他们的文辞，尤注重考量他们的品行德行。所到之处，崇正辟邪，撤除淫祠，拆毁佛寺，没收其土地，用来改建祭祀先儒祠庙，将僧庙改成书院，供奉孔子的两个弟子，使当地风气为之大变，博得光绪帝褒赞。

魏校不但为官公正，治学也十分严谨，当年为胡居仁私淑弟子，服膺胡主敬之学，其学以“天根之学”为宗旨，要求从人生而静之时培育根基。他认为，木必有根，然后千枝万叶可以而立；水必有源，然后千流万派其出无穷。人存此心，有个主宰，则万事可次第而治。他还提出“浑厚则开文明，浇薄则开巧伪”，倡导“学须涵养本原”“悉破群私，合为天下大公”等主张。

昆山先贤魏校的处事原则与为人风格，生动形象地展示了其良好的家风，我们从中也可窥见，其背后晃动着外公徐有贞羸弱却鲜明的身影。

王　绹：襟怀清气性自然

韩　墨

王绹先祖王审琦本为辽西人，是北宋初年著名的军事将领。王审琦以军功起家，被“杯酒释兵权”后，他审时度势，根据政治变化及时转换角色，适时地完成了由武转文的改变，并教育子孙“武能上马御敌，文能安邦定国”。在这种家风的熏陶下，王家完成了由武到文的转化，成为一个读书世家。王氏家族自强自立、与时俱进的家风，对后世子弟产生了巨大影响，是家族持久不衰、人才辈出的主要原因。

王绹一生爱好读书、著书，著有《论语解》《孝经解》《群史编》《内外制》《奏议》《进读事实》等十多部专著。

王绹在南宋初年历任要职，官至副宰相，位高权重。受家风熏陶，王绹成为一代名臣，一身正气，常以莲花自喻，有操守，有作为，有胸襟，受到朝廷内外一致敬重，留名青史。

王绹受益于家风，自然要把好家风传承下去。他对儿孙辈要求严格，要求他们鸡鸣即起，读书自娱。王家院内一时书声琅琅，把乡邻都给吵醒了，大家也学着早起读书。

王绹为官清廉，做官二十年，家里却没有一间像样的宅子。王家没人因他当大官而得到好处，一大家子就靠他的俸禄生活，常常入不敷出，日食清粥，稀可照人。后来王绹厌倦了官场的尔虞我诈，逐渐淡出官场，想物色适合养老的地方，挑选了一圈，最后选中了昆山。昆山人杰地灵，风景秀丽，适合修身养性，于是王绹就住进了荐严寺僧舍。荐严寺位于昆山城东南，今集街附近。寺为唐朝所建，寺外有七石塔，寺内有范公亭，为范成大读书处。寺院清净，居所现成，不需要花钱建造，正合王绹之意。王绹是名人，谈佛讲经，退思读书，能扩大寺院的影响，因此

寺方也愿意接纳王绹。

王绹对长辈讲究孝道，侍亲必恭；对穷人，竭尽所能，无私接济。其儿孙辈在如此家风的熏陶下，也亲近百姓。王绹俸禄不多，自己一大家子日子都过得紧巴巴的，但还是会省吃俭用，贴补附近付不起婚丧费用的人家。这让他深受当地百姓爱戴。有一次，他外出讲学，一路上好多人停下手中的活计，目送他离去，原来这些人，多少都受到过他的恩惠。

昆山的父老乡亲一直念王绹的好，甚至还将他的事迹编成童谣，教育自己的孩子从小要向王绹学习。大家都觉得这个天真烂漫的老先生，没有架子，能与民同乐，其乐陶陶。

王绹家风质朴，勤俭持家，两袖清风，简单自然，天真烂漫；晚年定居昆山，又焕发出春天的清气和色泽，可感可叹，为后学表率。

顾绍芾：治学不倦一脉承

钱　笠

公元1623年，明天启三年。一天，千灯镇上一户大户人家，院内枝摇叶展，花开蜂飞，不远处有一位老人和一位孩童。午后暖暖的阳光下，老人正在阅读，孩童正在玩耍。

这位老人手里的读物叫《邸报》。这《邸报》是当时朝廷官方的公报，上面记录着当时的时事，靠各级官员手抄流传。

看着最近的《邸报》，老人家不由得紧锁双眉，难道时局已经如此不堪了吗？

五年前，雄踞北方的后金领袖努尔哈赤在兴京“告天”誓师，以“七大恨”为檄文，正式与大明朝分庭抗礼。

四年前，后金军队攻克铁岭。

三年前，万历帝驾崩，其子即位，为泰昌帝，泰昌帝在位一月而崩，天启帝即位。一年之内连丧两帝，同时明朝三大案的“红丸”“移宫”发生，朝局混乱无度。

两年前，后金军队攻占沈阳。

一年前，后金军队再占广宁；山东白莲教起义，声势浩大。

而当年，黄河决口，徐邳一带，上下一百五十里内悉成平地，百姓流离失所。

朝廷里，以魏忠贤为首的阉党已经形成势力，逐渐把持朝政，为非作歹。

想到这里，老人家不由得叹了一口气。正在一边玩耍的孙儿是那么无忧无虑，他那可爱的背影、天真的举动，使老人家悲怀莫名。

老人家赶忙喊道：“孙儿，你过来。”孩童放下手中的小石块，走到老人身旁。老人指着庭院中枯黄的草根对孩童说：“你们这辈人今后能吃得上这种东

西，会是非常幸运的事了。”

孩童对于这句话，并不是很理解，只是看着爷爷忧心忡忡的样子，心里也很不是滋味。

这天过后，这位老人便要求孙儿认真学习《孙子》《吴子》《左传》《国语》《战国策》《史记》；到第二年，又让他阅读、学习《资治通鉴》。三年后，孩子学完了《资治通鉴》，老人便让他开始阅读《邸报》，并且认真做抄录记载。

这样的言传身教，对这位孩子以后的学术成就和立身处世无疑产生了深远影响。

这位老人名叫顾绍芾。顾绍芾年轻时跟随父亲游历各地，阅历丰富，见多识广；虽身处江湖之远，但心系庙堂之高。

这位孩童就是顾炎武。顾炎武行万里路，读万卷书，一生著书立说，心系天下，终成一代宗师，被誉为清学“开山之祖”。

顾炎武出生后，就过继给顾绍芾的儿子顾同吉做嗣子。因此，顾绍芾是顾炎武的继嗣祖父。

在那件“以草为食”事件发生的二十一年后，

明朝灭亡。顾炎武在南京陷清以后，参加了本县知事杨永言的起义军，其后追随鲁王，做了鲁王的兵部司务。鲁王失败，顾炎武遍游全国重要地区，图谋复明，在山东、山西、陕西，均建立了小规模的经济基础；可惜人心已不思明，他便隐居于陕西华阴，以著述来开创中华民族的新运。

顾炎武给后世留下了等身著作，如《天下郡国利病书》《音学五书》《日知录》等。《天下郡国利病书》可说是一部人文地理；《音学五书》是科学的中国音韵学；《日知录》是考据的杰作。

顾炎武创立了一种新的治学方法，对后世产生了极大影响。第一，他不说空话，每说必有根据，而他所根据的绝不是不值得根据的东西；第二，他不抄袭别人的话，即使是他自己研究出来的，倘若在其后发现前人已经说过，他也即刻删去；第三，他颇能接受别人的意见，从善如流。因此，他成了清代汉学的“开山之祖”。

王贞姑：一身正气传遗训

庄　吉

王贞姑（1586—1645）是明辽东行太仆寺少卿王宇的孙女，太学生王述的女儿。她出身于诗礼传家的大户人家，自小便知书达礼，胸有大志，个性独特。她尚待字闺中，家里为她准备嫁妆。看着那些鲜艳华丽、传统世俗的服饰，王贞姑跟父母说："你们知道，我一向仰慕古代贤女子少君、孟光，为什么还要给我准备这么俗气的嫁妆呢？"王贞姑父母听了女儿的话，就根据她的意愿，置办了一些与世俗不同的朴素衣裙。

王贞姑十七岁那年，未婚夫顾同吉（顾炎武的嗣父）得了急病不幸去世。她含泪道："我听《礼》上讲，做人要讲信用，这也是我一个妇道人家之德行。我既已经答应了这门婚事，就别无选择。”于是，她义无反顾地嫁入了顾家。

转眼间，王贞姑入顾家已经十二载，侍奉公婆，兢兢业业。为王贞姑今后着想，全家上下便商议为她过继一个嗣子，这个孩子就是顾炎武。

王贞姑把顾炎武看作自己的亲生儿子。顾炎武三岁时得了天花，高烧数日不退，病情相当危急，以当时的医疗条件，这种病几乎难以治愈，这可把王贞姑愁坏了。她一边找人请郎中来看病抓药，一边日夜守护在孩子身边，寸步不离。在她的悉心照料下，顾炎武的身体一天天好了起来。

王贞姑又是顾炎武最初的启蒙老师。王贞姑教顾炎武《小学》时，用战国齐人王蠋所讲的忠臣不事二君、贞女不更二夫的事例教育儿子。顾炎武六岁时，王贞姑又教他读《大学》，教育儿子树立家族、社会和国家的观念。这些观念影响了顾炎武的一生，以天下国家为己任，成为顾炎武思想的精髓。顾炎武十几岁时，王贞姑还给他讲运筹帷幄的刘基、刚正不阿的方孝孺、当机立断的于谦等明朝大忠臣的故事。这些故事都深深地扎根于顾炎武的脑海之中，成为顾炎武终身的精神支柱和力量源泉。

王贞姑非常好学，她白天纺纱织布，晚上还要看书，一直要看到二更天才肯休息。她最喜欢看的书是司马迁的《史记》、司马光的《资治通鉴》，另外还有本朝政纪等书籍。这一切给少年顾炎武树立了良好的榜样。

公元1645年的农历七月初六，清兵攻破了昆山城，他们烧杀抢掠，城中二万四千多人惨遭屠杀。昆山城破之际，参加抗清斗争的顾炎武冒死潜回昆山、常熟交界处的语濂泾，幸免于难。不久嘉定、太仓相继沦陷；常熟投降献城。七月十六日，避居在语濂泾的王贞姑感觉到周边气氛不同寻常。在母亲的一再追问下，顾炎武才不得不把两京沦陷、苏州兵败、昆山城破、常熟失守等事情原原本本地告诉了母亲。

王贞姑听了，叹了一口气，就回房去了。从那天起，王贞姑再也没有进食，整整熬了十五天。临终前，王贞姑把顾炎武叫到床边，留下遗训："尽管我是个妇道人家，然而身受国恩，如今国亡，则身与俱亡，是义所应当的。儿啊，切记：无为异国臣子，无负世世国恩，无忘先祖遗训！”

王贞姑最终选择了“绝食殉国”。王贞姑去世后，她的遗训深刻地影响了顾炎武后来的人生轨迹，影响了顾炎武一生的节行。

王贞姑是一位伟大而高尚的女性，是她无私的母爱、崇高的品行、深刻的思想，塑造了顾炎武这位中国历史上伟大的思想家。

朱柏庐：慧眼辨识真英雄

李　建

“善欲人见，不是真善；恶恐人知，便是大恶。”这是明末清初昆山著名理学家、教育家朱柏庐所撰《治家格言》中流传甚广的一句。关于它的由来还有一个小故事呢。

这年开春，陆家浜书院的山长来请朱柏庐去讲几堂课，在课堂上，朱柏庐见识到了一位少年“奇葩”——陆家浜首富之子陆高才！

这天朱柏庐刚走进书院，就看到不少学生往后院走，大家一边走一边议论着，小石头又被陆少爷打了。

朱柏庐赶紧奔向后院，看见陆高才正在狂揍穷学生石磊，连忙喝止了这场暴行。

陆高才看见朱柏庐，也不打招呼，斜眼瞟了一下，趾高气扬地走了。朱柏庐过去扶起石磊，见他被打得鼻青脸肿，就拉他去看了跌打大夫。

所幸大夫检验了石磊的伤势后，说都是皮外伤，没有大碍，给开了点药，外敷内服几日后就没事了。

石磊家很穷，家徒四壁，他父亲还卧病在床。可就是在这种困境中，他家还是从牙缝里挤出钱来供儿子去书院念书，这令朱柏庐很感动。朱柏庐决定要管一回闲事，一来帮助石家，二来教训一下那个恶少！

朱柏庐写了一张诉状，让石磊去县衙状告陆高才。谁知风声传得太快，石磊拿着状纸还没走出镇子，就被陆高才带人拦住了。

陆高才把石磊拉去书院，对朱柏庐说："既然这件事先生出面了，我愿意协商解决，咱们就不必惊动官府，还是私了吧。"

朱柏庐心想如果不趁此机会给陆高才一个深刻教训，引他走上正途，只怕他以后会更加仗势凌人。

朱柏庐向陆高才提出了两个要求：一、当众向石磊赔礼道歉；二、赔偿石磊的汤药费。

陆高才淡淡说道："当众赔礼道歉可以，至于汤药费，为了避免石家狮子大开口讹诈我，我要给他看伤的跌打大夫来做证。"

朱柏庐便喊来一个学生去请跌打大夫到书院来，陆高才也派自己的书童回家去把管家叫来。

待人都到齐了，陆高才当着全书院的师生向石磊赔了一礼。该跌打大夫开口了，他看了一眼陆高才，二人交换了一个默契的眼神，正好被朱柏庐看到了。朱柏庐心想不妙，陆高才要求这大夫前来做证，难道他已经收买了此人？

不料跌打大夫一开口，却是把石磊三分的伤情说成了十分，又是伤筋又是动骨的，就差没瘫痪了！

因为跌打大夫的"证词"，陆家赔了石家一大笔钱，陆高才大大咧咧地让管家拿出了一大沓银票给石磊。

管家临走时小声嘀咕了一句："你小子要是老这样下去，迟早得败光陆家的家财啊！"

这话又被朱柏庐听到了，他似乎明白了什么。人群散去后，朱柏庐喊住了陆高才，他看了看干净利落的课室，道："我听山长说，这书院年久失修，幸亏你那年砸了破旧的危房老屋，逼得家里赔了书院一大笔钱，他们才能把这里修葺得焕然一新。这次，石磊的伤势并不严重，但是你却收买了跌打大夫，赔了你不该赔的钱。善人我见过不少，但如此'行善'的，我还真没遇到过！"

陆高才终于开口了："朱先生不愧一代大师，这也被您看透了。不如此，我那个贪婪自私、吝啬成性的父亲是不会拿出钱来帮人的，如果今后乡邻有需要，我还会继续'作恶'的，只是请先生为我保守这个秘密。"

朱柏庐不解道："你如此帮人，不会留下善名，只会招来恶名啊！"

陆高才微微一笑，说道："这些都是虚名，我不在乎！"

朱柏庐被深深震撼了，陆高才从此成为他最看重的学生之一。

朱柏庐：洞观世情编家训

张雪芳

朱柏庐，名用纯，字致一，柏庐为其号。明末清初昆山人，著名的理学家、教育家。

朱家家规严谨。吃饭时，孩子必须在大人上桌之前在自己的座位上坐好，安静地等大人们陆续入座。等到所有人到齐了，父亲下令可以吃了，大家才动筷。

父亲一声令下，朱柏庐吃得飞快。父亲严厉地说："吃要有个吃相。"朱柏庐赶紧放慢动作，偷偷地看父亲一眼。吃了一半，朱柏庐突然想到了什么，跟母亲说了声："娘，我吃好了。"就捧着剩余的半碗饭往后院跑。用人李嫂到后院找到朱柏庐时，看到他正在给蚂蚁喂食，碗里还剩下小半碗饭。朱柏庐准备把这剩下的小半碗饭倒掉，李嫂一把拦住了，说：“小少爷，别扔。”说着，她接过碗筷，吃了起来。朱柏庐问：“李嫂，你怎么也不嫌脏？”李嫂说：“少爷可知道外面有多少贫困的人，连这剩饭都吃不到呢。”李嫂把碗里的饭吃得干干净净的，末了，还捡起一粒掉在树叶上的米饭也送进了嘴里。朱柏庐呆呆地看着这一幕，这粒不起眼的米饭有这么重要吗？他不理解。

第二天，李嫂来请假，说要回家务农。正好，这几日先生家里有事，私塾放假，朱柏庐一听，马上请求母亲允他与李嫂一同回乡。

初次到乡下的朱柏庐看什么都是新鲜的。吃饭时，李嫂端给朱柏庐一碗白米饭，外加一个鸡蛋，自己的俩孩子吃的是菜粥，说是菜粥，里面几乎见不到米粒，都是菜叶子。俩孩子都不吃，盯着朱柏庐的碗看，嘴里流着口水。朱柏庐趁李嫂不注意，把鸡蛋分了送与兄弟俩吃，还把白米饭也分了他们一点。兄弟俩用感激的目光看着朱柏庐，吃得欢天喜地的。最后，兄弟俩把碗里的汤水也喝得精光，有一粒米饭掉在了地上，一个孩子马上捡起来吃了。朱柏庐说："脏了的东西不能吃。"那孩子傻傻地笑，说："娘说不能浪费一粒粮食的。"

吃罢饭，李嫂要下地劳作，朱柏庐也要跟着去。李嫂说："外面太阳大，小少爷受不住的。"朱柏庐说："你们受得住，我怎么就受不住了。"朱柏庐执意要跟去，李嫂也便随了他。可是，到了田间一会工夫，朱柏庐就热得受不了了。他抬起头，看看那个太阳，太阳像烈火似的烤着大地，再看看已经湿透了后背的李嫂，朱柏庐说："李嫂，乡下的太阳与城里的太阳不同吗？怎么这么火辣啊？"李嫂笑了，说："傻少爷，就一个太阳，只是在城里你躲在屋里了，太阳晒不到你呢。"

朱柏庐躲到了一棵大树下，总算感觉凉爽了一点。他望着在田间劳作的农民们，个个都晒得汗流浃背的，这才深刻体会到诗人李绅的那句诗："谁知盘中餐，粒粒皆辛苦。"

从乡下回来后，朱柏庐简直像换了一个人，吃饭时总是小心翼翼的，生怕丢落了米饭，而且每次都把碗里的饭吃得干干净净的。

长大后的朱柏庐不仅在家里形成了勤俭节约的家风，还用自己的切身体会用心编写了一部《治家格言》，成为当时的儿童启蒙教材，其中就有这么一句：“一粥一饭，当思来处不易；半丝半缕，恒念物力维艰。”这也成为几百年来很多中国家庭的家训。

昆山家风故事 | 节 义 篇

郑若曾：翘头扁担藏军机

李 建

明朝嘉靖中期，东南沿海地区倭乱爆发，明朝军队在抗倭战争中纷纷败下阵来。胡宗宪临危受命，被朝廷委任为剿倭总指挥。郑若曾由于熟读兵法，经常向朝廷献计献策，还特别擅长绘制沿海地图，得到了胡宗宪的赏识，被招募到军中当幕僚。

郑若曾年少时师从昆山有名的学者魏校，还经常与归有光一起切磋学业。良好的家风令他胸怀大志，对学习的热爱令他精通天文地理。他从小便立志报效国家。

为痛击倭寇，胡宗宪在昆山厉兵秣马。俗话说，兵马未动，粮草先行，但胡宗宪部队的粮草辎重，经常遭到小队倭寇偷袭，损失惨重，这令胡宗宪大伤脑筋。前线战事吃紧，如果派出大量兵力去护送粮草辎重，必然会削弱主力部队的战斗力；但若不派兵保护，粮草辎重屡屡被劫，补给供应不上，对前线将士无疑是致命的打击。

郑若曾便给胡宗宪出了一个计谋，派一队武功高强的弓弩手假扮粮草辎重护送队，待倭寇偷袭时，将其一网打尽，以绝后患。

胡宗宪听到这个建议后，觉得挺好，便下令由郑若曾选拔弓弩手，护送粮草辎重，诱歼倭寇。

第二天，郑若曾带队护送粮草辎重，所有弓弩手装备齐全，弓弩随身携带。走到半路，倭寇果然又来偷袭，弓弩手们搭弓射箭，击败了倭寇多次进攻，射死、射伤大半来犯倭寇。

几次之后，倭寇竟学会了以其人之道还治其人之身，不再用步兵正面袭击，也让弓弩手在远处偷袭明军粮草辎重护送队，给护送队造成了不小的损伤。郑若曾不得不给弓弩手们配上更大尺寸的弓弩，以求能在射程上战胜倭寇。

这样的确有效压制了倭寇的弓弩手，同时护送队每人都有盾牌护身，护送人员损伤并不大，但护送队的马匹没有任何防护装备，被射杀了大半。那时，马匹在战场上可是重要的军用物资，没有马可以说寸步难行。

为了能想出有效的破敌之法，郑若曾绞尽脑汁，夜不能寐。一日清晨，郑若曾早早起床巡视周围环境，看到一位长者正在营地旁的菜地里施肥。郑若曾刚想走，却听老人喊道：“郑将军，能否赏光到寒舍一叙？”

郑若曾没有搭理老人，径直向前走去，老人却在背后哈哈大笑道：“将军难道不想知道该如何破敌吗？”

郑若曾听后，不禁心中一惊，急忙回头向老人道歉、请教。老人却带他进了一座农家小院，取出了当地特有的干农活用的工具——翘头扁担。

翘头扁担形状弯如月牙儿，两头高高翘起，挑肥时箩筐离地面也就相应高了许多，在油菜地里施肥时，不会压倒油菜，挑其他货物时，能比普通扁担多挑一两倍的货。这种扁担虽然初学时很难掌握技巧，但学会了之后就能事半功倍。

郑若曾疑惑不解，这跟抗击倭寇有什么关系？

老人笑着说：“这翘头扁担不仅可以挑粮草，遇敌来袭时，反过来便马上可以当作巨弓使用，快速反击来犯之敌啊！”

郑若曾看后，立马茅塞顿开。这翘头扁担不仅解决了护送队马匹不足的问题，还解决了快速御敌的难题。在之后的送粮任务中，护送队的将士们果然屡败倭寇，大获全胜，郑若曾也因此受到了朝廷的嘉奖。

郑若曾不但学识渊博，品行更是出众，深受江浙文人志士的尊敬。这些都与郑氏良好的家风传承密切相关。他虽然只是一名普通百姓，但通过参加平定倭乱与撰写军事著述，实现了自己报效国家的人生理想。

陈守鲁：精忠报国战倭寇

李　建

陈守鲁，昆山千灯镇人。明朝嘉靖四年（1525）武科进士。陈守鲁很小的时候，他的母亲就经常向他讲述岳母刺字、岳飞精忠报国的故事。忠义爱国、崇文尚武的家风令陈守鲁从小就抱有与其他孩子不同的远大志向。

元末明初，日本封建诸侯打仗抢地盘，在战争中失败了的封建主，就组织武士、商人、浪人（即倭寇）到中国沿海地区进行武装走私和烧杀抢掠。

当时日本处于战争多发期，武士、浪人都久经沙场考验，战斗力极强，且具有非常丰富的实战经验。他们常常以数千、数万的兵力从海上侵略中国沿海地区，明朝政府军却无力抵抗。

明朝嘉靖三十一年（1552），倭乱再次爆发，老百姓深受其害。朝廷命令智勇双全的陈守鲁驻守昆山县城，抵御倭寇，待时机成熟，将倭寇一举歼灭。

陈守鲁临危受命。

明朝实行的是屯卫制，也就是基层部队实行军户制，这些基层部队的战斗力远远不如身经百战的倭寇。而且明军在明，倭寇在暗，要想全歼敌人，只可智取，不可力敌。

这一日，陈守鲁听闻城中米价大涨，非常奇怪。近年来，昆山周边各地风调雨顺，五谷丰登，老百姓不愁吃不愁穿，米价怎么会突然大涨？是什么人在囤积大米？此事必有蹊跷。

于是，陈守鲁换上便服，进行私访。经过长时间打探，他得知有一个姓贺的外乡人在本地大量购买大米。陈守鲁冒充昆山最大的米商代理人，跟他做生意，探出了他的真实身份——一个名叫伊贺孙子的日本人。

陈守鲁问他，为什么要大量购买白米？伊贺孙子说，日本连年灾害，粮食歉收，饿殍遍野，大米价格要比昆山贵许多，他这次来购买白米运回日本转手倒卖，能赚上一倍的利润。

陈守鲁聪颖过人，听伊贺孙子这么一说，便明白了他是倭寇的买办，倭寇这是在囤积粮草，准备大举进攻昆山县城啊！

陈守鲁佯装不满，说道："你这来回一趟，赚了那么多钱，我却什么好处都没捞着。"

伊贺孙子连忙掏出一锭元宝塞给陈守鲁，说："海上也危险啊！都是拿命换钱，只要你能卖给我质优价廉的白米，好处自然少不了你的。"陈守鲁接过元宝，掂了掂分量，二人相视一笑。

十几天后，倭寇大举进攻昆山县城，陈守鲁立马组织反击。伊贺孙子在城墙下看到了在城墙上组织士兵战斗的陈守鲁，疑惑不解。陈守鲁哈哈大笑道："孙子，你给我的那些好处，都被我拿去买了火器来消灭你们。"

倭寇们这才发觉中了陈守鲁的圈套，赶紧下令撤兵，来日再战。陈守鲁率领士兵，跃马运矛，奋力追杀；倭寇调身，落荒而逃。陈守鲁率众奋勇追击，不幸身中流矢，以身殉职。而被陈守鲁追击的伊贺孙子等残余倭寇，被随后赶来的明军团团围困在土堡内，与外界失去了联系。

伊贺孙子本以为自己有大量白米，可以等到己方援军，不料打开陈守鲁卖给他们的白米后，发现除了之前几次吃的是真正的白米外，压在下面的，全都是混着沙子的米糠。最终，这些顽固的倭寇因为断粮而被明军一举歼灭。陈守鲁生前奋勇杀敌，还用智慧在身故之后全歼了敌人。

陈守鲁殉职时只有五十四岁。乡里族人为了不忘记他的功绩，尊他为“土谷神”，还为他建了座土地庙，每逢他生日，便来烧香祭拜，以示纪念。从此，忠义爱国、崇文尚武的家风便深深渗透进千灯镇陈氏家族每一个后人的血脉中，一代一代传承至今，已近五百年。

归　庄：铮铮硬骨归高士

杨春艳

归庄是明朝散文大家归有光的曾孙。归家是昆山有名的书香世家。归庄曾祖归有光，散文成就卓著，当世人称他为“今之欧阳修”，后人赞其散文为“明文第一”。归庄父亲归昌世，书画篆刻家，擅长草书和画兰花、竹子，在篆刻印章方面功力深厚，为当时的“昆山三才子”之一。

归庄是归昌世最小的儿子。经过世代书香累积的影响和父亲的谆谆教导，归庄小小年纪便博览群书，且有很强的家族荣誉感。父亲常画兰、竹，以君子自勉自况，这也深深影响了归庄。成年后的归庄如他曾祖一样，文章写得极好，他的散曲《万古愁》，被清代著名文学家全祖望认为和屈原的《离骚》《天问》似同一手笔。在绘画和书法方面，归庄继承并发扬了乃父遗风，写得一手飘逸的狂草，擅画竹与石，他有多幅书画作品流传于世，被藏于各大博物馆。

归庄生活的年代，正值动荡不安的明末清初。归庄一家人，都有满腔的爱国情怀。顺治二年（1645），清兵攻打扬州，归庄的兄长归尔德是当时抗清名将史可法的幕僚。归尔德在扬州的西门和清兵展开了激烈对抗，不幸壮烈牺牲。归庄的叔父归继登，当时在浙江长兴抗清，也惨遭杀害。归庄听闻噩耗，不顾凶险，跑到扬州和长兴两地，替家人收尸。无奈归尔德尸骨无存，最终只能为他设个衣冠冢。

顺治二年（1645），昆山知县出走，清政府委派阎茂才为知县，并下达“留发不留头，留头不留发”的剃发令，这激起了昆山人民的强烈反抗。归庄鼓动群众杀掉阎茂才，把城门关起来，起兵反清。同年七月初六，昆山城被清军所破，接着清军进行了残酷的屠城行动，杀死四万余人，整个县城几乎被杀戮一空。归庄一家亦是家破人亡，两个嫂子为了

不受清兵凌辱，自杀身亡，父亲病弱而死。归庄被清兵指名搜捕，只得逃往异乡，待事情平息后，才再次潜回昆山。

顺治九年（1652），归庄应友人万年少的邀请，到江苏淮阴任教，仍暗中与顾炎武联络，商议抗清事宜。当时顾炎武与抗清名将郑成功和鲁王朱以海的政权都有秘密联系，但无奈大势已去，无法成功。顺治十四年（1657）顾炎武过江北上，从此归庄与顾炎武这对惺惺相惜的友人与爱国义士，就再也没有见过面。

入清后，归庄改名为“祚明”，即保佑明朝的意思；后又改名为“归藏”，表达自己情愿藏于山野，绝不侍奉清朝的决心。

晚年的归庄隐居昆山，以卖书画为生，野服终老，虽穷困潦倒而不改其志。他于康熙十二年（1673）去世，享年六十岁。在这一年的元旦，归庄作诗，仍用甲子纪年，至死不用清朝的年号。听闻归庄去世的消息，远在山东章丘的顾炎武特在自己所住的桑家庄设祭坛，祭奠归庄，并写下《哭归高士》诗四首哀悼。

归氏源远流长的优良家风，不仅使归庄成为一个诗、书、画皆精的文人，更使他具备至死不渝的爱国情怀。在国破家亡的考验面前，他那铮铮铁骨，他那“知其不可而为之”的大义凛然，不仅捍卫了一个知识分子的尊严，更捍卫了一个家族和一个朝代的尊严。

费毓卿：一身正气抗外寇

九 马

费毓卿，昆山周庄人，出身于武官之家，少年时就跟随父亲练习武艺，成年后不忘家训，当兵从军。由于熟悉兵法，骁勇善战，在军中屡立战功，费毓卿二十五岁就升任镇海关健左旗副将，管辖金鸡山防务。

光绪十一年（1885）二月，四艘法国远东舰队的舰船在镇海关附近海面上蠢蠢欲动，企图偷袭金鸡山要塞。费毓卿得报后，带领队伍埋伏在金鸡山附近的沙湾海堤墙下，严阵以待，随时准备战斗。可是，提督欧阳利见胆小，非说没有上级命令，不能擅自开炮。

没几日，法国舰队司令孤拔憋不住了，借机向岸上开枪、开炮，以探虚实。费毓卿见状毫不示弱，命令水师开炮回击。在费毓卿的指挥下，水军们越战越勇，经过两小时的激战，打得法军掉头逃窜。

当天深夜，海面上风平浪静，白天吃了败仗的法军不死心，悄悄划着几艘小船，想用鱼雷偷袭岸边的船桩。不料，费毓卿早有防范，没等法军有所动作，岸上的灯火已把海面照得通亮，吓得法军又一次狼狈而逃。

接连吃了两次亏的孤拔仍然不肯善罢甘休，两日后的黎明，再次带着舰队前来偷袭。一道强光划破了静谧的海面，此刻，费毓卿正拿着望远镜观察着法军的动向。他大声命令开炮，可是连喊了三声都没有反应。他跳下船舱，看见那个负责开炮的老兵正躲在角落抽鸦片，顿时怒火中烧，一把夺过老兵手里的烟枪并点燃火炮，只听“轰”的一声，地动山摇，炮弹不偏不倚正好命中孤拔的座舰。一刹那，敌舰上浓烟滚滚，火光四起，充满哭爹喊娘声，乱成一片。

孤拔一倒，法军更是群龙无首，“树倒猢狲散”，一个个只顾自己保命，哪里还有心情打仗。费毓卿指挥着他的水军，从四面八方向法国舰队开炮，战斗历时三个小时，打得法舰纷纷逃遁。二十天后，法国政府发出讣告，宣布孤拔在镇海炮战中被击毙的消息。

这次镇海海战是我国近代史上御外战役中难得的一场大胜仗。孤拔被击毙的消息很快就传到浙江沿海各地，军民们奔走相告，大快人心。老百姓纷纷参加修筑工事、运送军粮，都把费毓卿和将士们当作英雄。

战役结束后，费毓卿被晋升为两江总督。然而，昏庸腐败的清政府，抵不住外国列强的武力威胁，没过多久，就向法国政府赔礼道歉，还签订了丧权辱国的不平等条约，割地赔款求得一时太平。费毓卿也因此遭到排挤、打击，被罢免了两江总督一职。

费毓卿为了澄清镇海之战的真相，据理力争，向朝廷呈上了《蛟门夜战实情》的奏文。一年后，朝廷复封费毓卿为杭嘉湖水陆全军三府统领，但他已看破了当时官场的黑暗和朝廷的腐败，拒不赴任，返回周庄老家，过起了隐居生活。

费毓卿去世后，家人在他的书房中发现了一封给后人的家书，家书中告诫后人：为人莫学卑鄙小人，做事但求光明磊落。费毓卿生前所秉承的处事为人的人格精神始终影响着后人。

沈体兰：为国家身先士卒

九　马

沈体兰从小在美丽的江南水乡周庄长大，他的父亲沈根黄是周庄沈氏义庄小学的校长。清光绪三十四年（1908），沈根黄在周庄镇上购置了一幢宅院。沈根黄以《易经》中“贞固足以干事”为立身思想，给宅院命名为“贞固堂”，寓意“守持正道，坚定不移”，这八个字后来成为沈体兰一生的行为准则。在父亲的严格教导下，沈体兰潜心苦读，十八岁毕业于苏州东吴大学高中部，后考取东吴大学，并获理学学士学位。

青年时期，沈体兰就接受了民主进步思想的熏陶。五四运动爆发后，沈体兰积极参加这场爱国运动的宣传活动。九一八事变后，他又满怀豪情地投身于抗日救亡运动。他与李公朴、章乃器等人发起组织了“时社”，又和东北爱国人士阎宝航等人创建“东北社”，一起支持抗日救亡运动。他还参加了宋庆龄发起组织的“保卫中国大同盟”，不遗余力地宣传抗日。

民国二十年（1931），沈体兰担任麦伦中学校长。他经常宣传团结抗日，抨击蒋介石“攘外必先安内”的不抵抗政策，并且大胆宣布“爱国、抗日、救亡”是麦伦中学的办学宗旨。在沈体兰的积极引领下，麦伦中学成立了学生自治会，经常联络爱国人士，参加爱国游行示威。一次游行示威时，英国骑警用棍棒殴打游行群众。麦伦中学一名叫董宗湘的学生，赤手空拳与警察搏斗，被巡捕房逮捕了。沈体兰得知后非常着急，想方设法，通过各种关系，最后把董宗湘给保释出来。

在那个白色恐怖的年代，国民党对医疗器材和药品控制得非常严格。为了解决治疗难题，沈体兰在学校内设置了观察病床，名正言顺地购置起医疗器材和所需药品。他利用学校做掩护，许多进步学生和地下党伤员在这里得到了治疗。为了防范国民党特务的查询，沈体兰关照，这些病人病历上的地址都写麦伦中学。

沈体兰的一系列活动让国民党心生不安，他们为了控制麦伦中学，以军训的名义，派教官进驻学校，妄图监视学生。有一次，学校为纪念孙中山先生诞辰，贴了许多标语，反对背叛总理遗志。不想，这些标语被军训教官给偷偷撕掉了。沈体兰知道后，让同学们孤立他们。于是，学生们又写标语揭露他们的卑鄙行为，并高喊“撕毁标语是破坏学生民主权利的行为，反对总理遗教就是三民主义的叛徒”。在众目睽睽之下，那些军训教官都被孤立了。

为了抗日，沈体兰不辞辛劳，经常奔波在战斗的第一线。“一·二八”事变时，他发起组织战时工作研究会，支援前线，救济难民。在他的召唤下，一大批爱国人士踊跃加入。

在重庆时，沈体兰经常去曾家岩周公馆，和周恩来先生就当时局势进行讨论，倾听周恩来先生的意见，并在行动上积极配合中国共产党提出的各项主张。抗战胜利后，沈体兰回到上海，又在周恩来先生的指示下，和周谷城、张志让等人一起主持了各项反内战活动。

沈体兰先生是中国共产党的亲密战友，为中华人民共和国的事业做出了不可磨灭的贡献。中华人民共和国成立后，他先后担任全国政协第二、三、四届委员，上海市政协第二、三、四届委员和上海市政协副主席，政务院文化教育委员会委员，华东教育部副部长，上海市体育运动委员会主任等职。

陈三才：百密一疏却无悔

万 芊 陆宜泰

1902年8月4日，陈三才出生在昆山锦溪镇一个家境殷实的书香门第。为了让子女们接受新式教育，思想进步的陈父举家迁入苏州。天资聪颖、勤奋好学的陈三才，从苏州元和高等小学、草桥中学到被保送至当时的“游美肄业馆”（后改名清华学堂，即清华大学的前身），一直学业优异。陈家一门三人先后入清华园读书，在当时的苏州城里传为佳话。在清华就学期间，陈三才又接受了五四运动的洗礼。清华毕业赴美留学前，陈三才在校园的日晷前立下了“行胜于言”的毕业誓言，立志将来以毕生之力报效祖国。

1939年一个秋日的下午，上海静安寺路989号美商北极公司恢宏的中国宫殿式写字楼里，匆匆走进一名不速之客。此人跟前台通报，他叫伊万诺夫，是一名俄国贵族，有要事需面见总经理陈三才。

接待室里，伊万诺夫用生硬的中国话说：“我有重要机密可以交给您。”

陈三才义正词严地说：“我是一名规矩的生意人，我不需要任何机密。”

伊万诺夫凑近了说：“陈总经理可是上海滩上有名的爱国商人，您购置穿甲弹和射击拐杖，只有我知道您的用途。”

陈三才沉默片刻，说：“你说，什么机密？”

“汪精卫的确切行踪，绝对可靠。”伊万诺夫凑近陈三才耳边，悄声说道，“汪已跟一个有名的日本肝病医生多次秘密接触，计划最近在那里接受治疗。福民医院，北四川路上，日本人开的。我在那里有内线，她是俄国人，护士。”

约定联系方式后，伊万诺夫拿了预付款，悄悄离开。

刺杀汪精卫的秘密行动正式开始。德国产的特效针剂，已用小白鼠进行剂量试验，随后又顺利转送到俄国护士手中。

一切准备就绪，陈三才不由得亢奋起来，几天几夜没合眼。然而，陈三才等来的消息却是，汪精卫没有在预定的时间里出现，估计是疑心重重的汪精卫怀疑走漏了风声，临时改了主意。就这样，精心策划多时的“刺汪”方案流产了。

就在陈三才即将启程去香港寻找新的机会时，伊万诺夫找上门来，说想采购进口药品，要陈三才借给他一些启动资金。

陈三才明知伊万诺夫有意讹诈，但还是让财务支了一笔钱给他。

从香港回来后，陈三才被伊万诺夫给彻底缠上了。一天，伊万诺夫又来找陈三才，哭丧着脸说，运药品的船被日本人扣了，需要一笔钱去疏通。陈三才又让财务支了一笔钱，打发了这个落难又落拓的无赖。

就在新的“刺汪”方案紧锣密鼓地策划、进行时，一天，伊万诺夫再次来纠缠。陈三才为摆脱这个无赖，只好让财务又给了他一笔钱，并警告他，这是最后一次，以后不要再来了。

谁料想，无赖伊万诺夫见再次讹诈无望，便出卖了陈三才。1940年7月9日，陈三才与往日一样，开着自己的浅灰色美国产的“迪莎多”轿车去公司，半道上被一群便衣围住，有几人攀上车窗用手枪顶住陈三才。他们是汪精卫手下“76号”的人。

陈三才被捕后，被押解到了南京。大汉奸汪精卫亲自审讯，非要陈三才供出同伙不可。汪冷嘲说：“您一个绝顶聪明的清华高才生，绝顶精明的北极公司大老板，没想到百密一疏，最后竟被几个破银圆出卖了。”

陈三才反击道：“我清楚，我是被卑鄙小人出卖的，但我绝对不会向更卑鄙的人出卖我的良心。”

后来审讯多日，仍一无所获。盛怒之下，汪精卫写下“一并枪决”四字，再也不敢与陈三才对决了。

1940年10月2日，陈三才在南京雨花台被处决，献出了自己年轻的生命。国难当头之际，清华爱国学子陈三才用一腔热血践行了他对祖国的诺言，无怨无悔。

昆山家风故事 | 睦亲篇

陈　振：孝悌睦亲乐庵叟

宗　琮

陈振，字震亨，号止安居士，北宋名臣、理学家陈襄（号古灵先生）的后人。陈振的外公李衡，是宋朝著名的政治家和理学家。李衡一生正直，清廉自守，家里虽不富裕，但全家孝老睦亲，其乐融融。李衡退休后在昆山定居，给自己住的草屋取名“乐庵”，自称“乐庵叟”。

和睦、尚文的家庭环境，从小给陈振很好的熏陶。陈振自幼好学上进，对待家人亲切有礼、温和谦让。陈振对自己的弟弟陈拱更是倍加关心，对弟弟的学业也要求得非常严格。

日子一天天过去了，陈振兄弟俩的学问大有精进，可是家境却越来越贫穷。到陈振父亲去世的时候，家里已是十分困难，连给父亲下葬的钱都凑不齐了。陈振安慰弟弟不要担心，安心读书，他自己则四处奔波，希望能找到一块便宜的地。

经过一段时间寻找，陈振终于在昆山城南的圆明村找到了一块非常便宜的地。陈振正想回家取钱，却被一个陌生人拦住。那人叹了口气，对陈振说："小伙子，你不是当地人，不晓得这块地的情况。我不忍心看你被骗，所以告诉你，这块地是万万不能买的。"

陈振吃了一惊，忙问原委，那人便将个中由来一一告诉了陈振。

原来，这块地表面看上去背山靠水，草木茂盛，很不错的样子。但其实曾有一位风水大师来看过此地，并做出结论："这块地如果用作墓地，会对这户人家的长子不利。"试问，有谁会希望对自家的长子不利呢？所以这块地才会这么便宜，也无人问津。

陈振听完以后，说："我就是长子，对我利不利没有关系。只要能安葬父亲，也不会损伤兄弟，就可以了。”

于是陈振瞒着家人，买了这块地，妥善地安葬了父亲。后来，陈振和弟弟继续发奋读书，努力维持家庭。有道是“皇天不负苦心人”，绍熙元年（1190），陈振和他的舅父李起宗同时中了进士；端平二年（1235），他的弟弟陈拱也中了进士。

陈振后来任职太府寺丞。他勤政廉明，爱护百姓，官声很好。他的子辈、孙辈们也都很有出息，他的儿子陈昌世被宋理宗褒奖为“一廉可喜”；孙子陈师尹在乡试中夺得第一。他的后辈中，还有陈明复等一些有影响的人物。

见陈家日渐兴盛，当地一些闲人就想不通了，怎么陈家明明拿了一块风水不好的地，家里还能出这么多才子能人呢？还能这么旺呢？大家百思不得其解，便又联名请了一位风水大师去看这块地。

请来的风水大师走到这块地前，左看看，右看看，之后闭着眼睛、晃着脑袋说：“这可是一块大吉大利的风水宝地啊。”

现在我们都知道，风水决定人的命运、祸福是迷信的说法，是不可取的。陈振作为古代人，并不知道这一点。但陈振可以为了家人，选择可能对自己不利的墓地，这种孝悌睦亲、推己及人的行为，才是真正的善心善行，才有真正的福报。

陈振的学问和人品都很好，和他同时期的卫泾，也是昆山的第一位状元，对陈振就非常欣赏，大加赞赏。

夏　昶：春雨苍筠满人间

宗　琮

夏昶，字仲昭，号自在居士，又号玉峰，明洪武二十一年（1388）出生在昆山的景德寺，也就是现在的玉山镇西街附近。夏昶善书法、精绘画，他所画的墨竹，在当时被公认第一，大家争相购买，民间甚至有“夏昶一个竹，西凉十锭金”的说法。2010年北京保利春拍，夏昶一幅画以5926万元的天价成交，足见其经济价值和艺术价值。

根据归有光《震川先生集》“夏氏族谱”记载，夏昶家族世居昆山，从高祖夏景芳计，至少有五世。夏家注重学问，重视品德修养。在良好家风的熏陶下，夏昶从小重情重义，急人所难，对师长尊重孝敬，对兄弟友爱有加，大家都非常喜欢他。夏杲天资秀朗，七岁时书法便闻名乡间。当时以慧眼识人才著称的县令芮翀，便命人对夏杲进行重点培养。夏杲十三岁时，跟随当时的大儒卢从龙学习《春秋》。俊才遇名师，夏杲更加发奋努力，学识日渐增长，前途一片光明。谁想就在此时，一场灾祸从天而降。

原来燕王朱棣起兵造反当上皇帝后，施行恐怖政策，方孝孺、黄子澄、景清、铁铉、姚善等前朝重臣全部被处死。朱棣还不放心，大搞株连，甚至提出了中国历史上空前绝后的“灭十族”。这里所谓的第十族，指的是罪臣的朋友、学生。如此一来，牵连很广，族灭、被杀、破家多达几万人。

离南京不远的苏州，也被血雨腥风所笼罩，一时间人人自危。夏杲的老师卢从龙因和朝廷重臣姚善交情很好，也受到了牵连，情况非常危险，随时都有被捕入狱的可能，甚至有可能遭到杀身之祸。消息传来，平常与卢从龙相交甚密的学生和朋友全都躲得老远，生怕把自己牵扯进去。当时年仅十五岁的夏杲，却深明大义，慷慨赴难，无论多少人劝，也无论多么危险，他一直不离老师左右，并想方设法把老师藏了起来，直到这场灾祸结束。后来，卢从龙感念不忘，一再称夏昺为“当世孔融”。

夏昺的仁义之举，不仅是对老师，他对待自己的亲人也是如此。夏昺的哥哥夏昺受到诬陷，被贬到边疆守卫，而另一个弟弟夏杲也受奸人牵连。夏昺便徒步前去探望，四处奔走营救，终于使得夏杲得救。时隔数年，一次明成祖去六部巡视，看到夏昺的书法后大加赞赏。夏昺便趁机告知明成祖，自己的哥哥夏昺也善于书法。明成祖听了龙颜大喜，下旨免了夏昺的罪，让他离开边疆进京，与夏昺一样，同为中书舍人，在翰林院供职。夏昺救哥哥的故事，一时之间传为美谈，他们兄弟二人，也被称为“大小中书”。

夏昺如此睦亲恭让的品德，影响了他的子女。他的长子夏铽蒙恩，本可以顶光禄署丞的职位，但夏铽将这样的机会让给了自己的弟弟。后来，夏家在昆山传承很广，人才迭出，如夏文振、夏大易、夏东旭等。这与他们家族良好的家风是很有关系的。

常言说得好，“患难见真情”，在危险到来的时候，才能真正看出人和人之间的情谊。在危难关头，夏昺不顾个人安危，急人所难，救老师、救兄弟，就如同他所画的墨竹一样，春雨苍筠，价值千金，广为流传。

顾鼎臣：衣锦还乡诚认母

徐少举

顾鼎臣是明代昆山人。

明孝宗弘治十八年（1505），顾鼎臣不负众望、高中状元。消息传到家乡，整个昆山甚至苏州府都震动了，左邻右舍、亲朋好友都到顾家来道贺，纷纷称赞顾家家风纯良、鼎臣父母教子有方，培养出这么优秀的儿子。

然而，面对大家的称赞，顾鼎臣的父母却说出了一个真相——顾鼎臣不是他们的亲生儿子，而是他们捡回来的养子。原来，顾鼎臣的生父是个小商人，生母是家中的一个婢女。顾鼎臣出生后，嫡母不仅没有因为顾父年过半百喜得子嗣而高兴，反而非常生气，甚至将襁褓中的顾鼎臣投到磨坊中要杀死他。磨坊主人及时发现了这个婴儿，将他救出，并抚养长大，而顾氏夫妻始终没有认他这个儿子。

顾鼎臣的养父母经营着一个小磨坊，日子过得比较艰难。少年时期的顾鼎臣缺衣少食，后来还不幸染上了天花，由于没钱医治，病愈后脸上留下了三十六颗麻点，人称“顾大麻子”。养父母见他聪慧好学，便省吃俭用供他读私塾。虽然生活困难、前程坎坷，但逆境中的顾鼎臣无所畏惧、刻苦学习，终于学有所成。

面对养父母的真情告白，顾鼎臣陷入了两难。中国人讲究认祖归宗，他现在知道了自己的亲生父母是谁，理应前去相认。然而，这样做可能会伤害到含辛茹苦养育自己的养父母。听闻此事，亲朋好友也都窃窃私语，议论不休，毕竟顾鼎臣的生母只是个婢女。当时的人非常看重家世出身，与婢女出身的生母相认，需要承受巨大的世俗偏见。历史上有很多出身低微的人在飞黄腾达后，嫌弃地位低下的家人。养父母虽然家境一般，但毕竟是纯良人家，身份地位不是

一个奴婢所能比的。

这个时候，养父站出来劝说顾鼎臣："我们家虽然家境一般，但孝老爱亲的家风传承却从不敢忘。你读圣贤书，应该知道'百善孝为先'的道理。以前我们生活困难，你尚在求学，所以不想告诉你领养的事情，免得你分心。现在你高中状元，理应和亲生父母相认了。我们供你读书，就是要让你通晓大义。你如果因为顾及我们而不与你的亲生父母相认，那就辜负了我们对你的期望。"

养父的话深深鼓舞了顾鼎臣，他决定立即去顾家与亲生父母相认。到了顾家，顾鼎臣发现，顾氏夫妻多年来一直将自己的生母当作奴婢，使她受尽凌辱与欺负。顾鼎臣强忍心中悲愤，要求与生母相认，但嫡母对他非常反感，不准他与生母相认。面对嫡母的阻挠，顾鼎臣态度非常坚决，他进到房内，长立庭下，坚持要见生母，并意志坚定地说："即一见，死不恨。"亲朋好友也从旁对嫡母进行规劝，嫡母只得让生母从厨房出来。顾鼎臣看到生母衣衫褴褛、蓬头垢面，忍不住泪流满面，母子抱头痛哭，周围的亲友们看到这一幕也为之感动落泪。

古人说，“百善孝为先”。顾鼎臣虽然身世孤苦，生父家风不振，但他自强不息、发愤图强。他在考中状元后，不顾当时社会陈腐的尊卑观念，坚决与身份低微的生母相认，用自己的实际行动诠释了孝道文化的精髓，为当地人民和后人树立了良好的榜样。

归有光：贤妻良母助震川

庄　吉

归有光（1507—1571），字熙甫，别号震川，人称“震川先生”，是明代中期文坛上重要的散文家之一。

归有光三十六岁那年，与南戴王氏结亲。新夫人王氏的曾祖父王致谦是宋朝丞相魏公王旦的后代。成化初年，王家在昆山和嘉定两县交界的安亭江边建造了一组房子，厅堂建筑颇为宏伟宽敞，起名“世美堂”。

不料，王家的曾孙不争气，欠下官府巨额税金，把有百年历史的世美堂偷偷卖掉了。一开始，归有光还被蒙在鼓里。一日，归有光正在家里专心读书，妻子对他说：“夫君你还不知道吧，这样好端端的一个大宅门眼看着就要破败了，人家要我们搬走，着实让人心生家破人亡的悲哀。”归有光听到这番话，顿觉伤感不已。的确，安亭小镇地处吴淞江边上，进出方便又不喧闹，世美堂是一座环境优美的好宅子，也是归有光安心读书的好地方。于是，归有光赶紧回到昆山城里，找了亲戚朋友借钱，钱不够就借了一些高利贷，最终把世美堂赎了回来。

安亭小镇周边土地贫瘠，不适合种庄稼，百姓大多难以致富。归有光又是个读书人，一向不知道过问家务。王氏十分能干，从来不将家里的琐碎杂事拿来打扰夫君读书，只管自己找人努力开垦荒地，即使遇到大旱之年，归家的地里照样获得了丰收。

王氏还十分孝顺，每到稻子成熟收获的季节，都会用新上的大米酿酒，先给公婆品尝，然后自己才小心地尝一口；大小麦收割后，王氏先用新麦做成美味的麦片粥孝敬给公婆之后，才用来做饭。家里祖宗祭祀、宾客接待、子女婚嫁、亲友间礼尚往来等大小事务，王氏全都打理得井井有条、周到细致，以至于归家兄弟姐妹中孤苦伶仃、无依无靠之人，都想来投奔归有光。有时候碰到不太顺心的忧愁事，王氏都是自己默默承受，没有任何怨言。

生活安定后，归有光在世美堂开设了私塾，教授一些读书的学子。为了更好地教书、讲学，归有光需要准备大量书籍。王氏是位有心人，知道归有光喜欢读书，讲学也需要参考大量书籍，就发动了村里的妇女、老太到处收集图书，没过多久，家里已经收藏了好几千卷图书，其中竟有不少宋元时的旧版书。世美堂自然而然地成了归有光与王氏的藏书室。王氏十分爱惜书籍，每每收集到好书，都要加盖收藏图书专用的朱文方印“世美堂印”，有时候也会盖自己的“魏国文正公二十二代女”和“世美堂琅琊王氏珍玩”等印章。在众多印章里，有一枚“一往情深”的朱文印章最为特别，它体现的不仅是归有光夫妇对藏书的一片深情，更多的是归有光与夫人王氏相濡以沫、爱情美满的真实写照。

嘉靖二十九年（1550），四十三岁的归有光赴京城参加科举考试，可惜名落孙山。他整个人心力憔悴，回家时走了陆路，比原计划晚了整整十天才回到

家里。彼时正值春天芍药花盛开的季节，王氏精心准备了美酒、小菜慰劳风尘仆仆的夫君。归有光问：“这次科场失利，你不怪我吗？”王氏答道：“夫君只管安心读书，我就是一辈子与夫君过这种粗茶淡饭的日子，也没有一点遗憾的。”

几年后，操劳一生的王氏病故，归有光失去了自己的贤内助。一天，年近七旬的归老太爷闲坐在世美堂上，哀痛地对归有光说：“这百年老屋还在，我家里那位能干的女主人却不在了，我想念这个好儿媳妇啊！”闻此言，归有光也不禁潸然泪下。

确实，归有光能在文学上取得如此辉煌的成就，有他贤惠能干的妻子一半的功劳。归家这种和睦的家风也在家族中一代代传承着。

赵元益：因孝勤学入杏林

蓝　鸿

初夏的一个黄昏，在江苏无锡荡口小镇上，一位清瘦少年双手捧着一本书，神色欢愉地走进一座宽阔的宅院。他刚踏入院门就兴奋地嚷嚷开来："母亲，您看我今天又得了一件宝贝。"

少年的母亲赵华氏听到声音从里屋走出来，朝儿子身上瞧了瞧，半是心疼半是埋怨地说道："瞧你这副样子，又是一天没吃饭吧。"

少年羞赧地笑了笑，把手上的书捧到母亲面前，欣喜地说道："母亲您看，这是一本名校旧抄，是我从一位老先生手里买来的。"

这位少年就是昆山赵氏家族中的赵元益。昆山赵氏家族在当地可是名闻一方。赵氏是一个藏书世家，赵元益的曾祖父酷爱读书，专门在住宅旁建了三间房子，购买万卷书籍藏于楼内，取名“高斋”。赵元益的祖父和父亲都是举人。赵元益从小耳濡目染，也酷爱读书和买书。

赵元益八岁那年，父亲不幸病逝，赵元益跟随母亲赵华氏居住在无锡荡口的外祖父家。在外祖父的悉心教导下，赵元益一心向学，学问日进。偶尔外出逛集市，一旦看到古籍孤本，赵元益宁可饿着肚子，也要掏光身上钱财把书买下来。

这天晚上，外祖父华沛恩把赵元益叫到书房谈话。华沛恩是当地有名的中医先生，家中藏有很多中医古籍。

“袁甫（赵元益别名），我瞧你经常去外面买书，这是好事。但你现在正是长身体的时候，万不可饿伤了身体。”

“外公教训得是，我以后会注意，不让外公和母亲担心。”赵元益答道。

“你既然喜欢书，我这里有许多中医古籍，怎么没见你翻过啊？”

“这些医书晦涩难懂，我实在提不起兴致。”

“我不要求你将来和我一样悬壶济世，但是多懂些医学药理，家里人的小病小痛能够自己医治，也是不错的。”

在外祖父的教导下，赵元益答应会多看看那些中医书籍，可是他对中医实在不感兴趣，觉得外祖父和舅舅都会看病，家族成员有个小病小痛也就不用犯愁了。

此后，赵元益依旧勤学苦读，但对医学书籍一直敬而远之。然而，在赵元益二十二岁那年，母亲赵华氏身患痁疾，外祖父和舅舅全力救治，却一直不见好转。后来，病急乱投医，赵华氏因为误服了外面一个庸医的药物而不幸逝世。

母亲的死让赵元益悲痛万分、自责不已，他十分后悔自己未能勤学医术。悲痛之余，赵元益决心学医，希望有朝一日能医治很多像母亲一样的病人。自那以后，赵元益对外祖父家中所藏的中医古籍刻苦研究，尤其深入钻研张仲景的《伤寒杂病论》等医书。经过数年的潜心学习，再加上外祖父的悉心指导，赵元益尽得中医精妙。六年后，赵元益开始挂牌行医，求者盈门。

赵元益博学多才，在挂牌行医的第二年，受聘进入江南制造局翻译馆从事翻译工作。因为工作需要，赵元益翻译的著作涉及近代军事、航海、冶金、数学、医学等各个领域。但是，赵元益更热衷于翻译西方的医学著作。他翻译的《西药大成》是当时最大的一部西药译著，《法律医学》是我国翻译的第一部西方法医著作。赵元益因人伦之孝而从医，勤奋卓敏，担当了“师夷长技以自强”这一历史使命，后来又把小孝变大孝，为中国开拓了研究西方医学的道路。

赵元益的一生受益于家风影响，在医学和藏书两个领域都取得了非凡的成就，而他因孝入杏林的事，更在江南成为美谈。

胡石予：寒冬自有暗香来

张雪芳

胡石予，名蕴，字介生，昆山蓬朗人，是“江南三大儒”之一。胡石予是著名的诗人，在书法、绘画方面也有极深的造诣，特别擅长画梅，他所画之梅栩栩如生、傲骨铮铮。胡石予这种将画风和人格融为一体的艺术风格让人肃然起敬。

胡石予小时候家境并不富裕，他的父亲去世后，家境越发贫困。但在母亲的开导下，胡石予并没有失去信心，他开馆授徒，当起了私塾先生。后来，他又跑到苏州的草桥中学教书，这一教就教了几十年，弟子也越来越多。

胡石予非常孝敬自己的母亲，对母亲的教诲始终铭记于心，并在工作、生活中严格要求自己，不辜负母亲的期望。受母亲的影响，胡石予在生活中特别节俭，但每次遇到身处困境的人他又会毫不吝惜地给予帮助。胡石予刚到苏州教书时，同事们对他不了解，看着衣衫破旧、平日只吃粗茶淡饭的胡石予，都心生疑惑，这就是大名鼎鼎的胡石予？同事们不禁哑然，这未免太寒酸了吧。

一日，一个自称是胡石予亲戚的人来学校找他，那人说自己也是蓬朗人。二人虽说是亲戚，却是好多年没有走动了，胡石予并不认得来人。望着那个留着胡子的中年男人，胡石予想了许久也想不出他究竟是谁，但既然人家找上门来了，胡石予还是以礼相待。胡石予把亲戚迎入宿舍，入座后，他问亲戚："你来找我有什么事吗？"亲戚说："我在城里做点小生意，这次亏损严重，连吃饭都成问题了，知道先生来苏州教书了，想向您借点钱，以渡难关。"见胡石予面露难色，亲戚又说："先生若有难处，我也不便打扰了。"胡石予连忙摆手说："不是我不借你，主要是我身边的钱也不多，虽然刚发了工钱，但都寄回老家去了。”看着衣衫破旧的胡石予，亲戚也很惭愧，看来他也生活得不容易呀，便说道：“真不好意思了，我，我还是回去吧。”胡石予想了想，对亲戚说：“这样吧，天冷，你就在我这里住一晚，明日再走。”外面确实天寒地冻的，亲戚便答应留宿一晚。

次日，亲戚起来，见床边放着两幅画，还有一封信，信是胡石予写的，大意是自己急着去上课，就不与亲戚辞别了，那两幅画请亲戚带走，可换些钱渡难关。亲戚再看那两幅画，都是梅花，上面的墨迹还没干呢，可见是胡石予连夜画出来的。想起如此寒冷的冬夜，胡石予竟为他这个并不熟悉的远房亲戚连夜赶画，亲戚不禁热泪盈眶。

亲戚没有离开，而是等到了胡石予下课。见到胡石予，亲戚羞愧不已，说：“我们虽说是亲戚，但你从未见过我，怎还肯如此帮我？”胡石予说：“人有困难，能帮则帮，这是母亲从小对我的教导！”于是，胡石予向亲戚讲述了母亲如何帮助亲友的事。亲戚躬身施礼，说：“先生，请受我一拜！”

胡石予为帮助远房亲戚而寒夜画梅的事不胫而

走，同事们也对他敬佩有加，再也没有人怀疑胡石予的名气了。这大名来之不易，胡石予当之无愧，更与胡家一脉相传的家风密不可分。